国家“双高计划”特色教材

环境监测实训

主　编　余良谋　吴文彬

哈尔滨工程大学出版社
Harbin Engineering University Press

内容简介

本书为高职高专环境类专业核心课程“环境监测”的配套教材。本书结合环境监测岗位任务、监测项目和监测方法，依据高职高专教育培养目标编写而成。本书打破了传统教材的构建模式，按照项目驱动的教学理念重组教材结构，以环境监测对象为主线，基于环境监测岗位项目、任务和方法，分别设计了地表水、工业废水、城镇污水处理厂、环境空气、工业废气、室内空气、噪声、土壤与固体废物等 8 个情境项目和 35 个子任务，突出实用性，重点培养环境监测人员的综合素质及实际动手操作能力，以顺利完成岗位监测任务。

本书可作为高职高专环境类专业的教材，也可供其他专业的师生及相关技术人员参考。

图书在版编目(CIP)数据

环境监测实训/余良谋，吴文彬主编. —哈尔滨：哈尔滨工程大学出版社，2023.12
ISBN 978-7-5661-4213-9

Ⅰ. ①环… Ⅱ. ①余… ②吴… Ⅲ. ①环境监测-高等职业教育-教材 Ⅳ. ①X83

中国国家版本馆 CIP 数据核字(2024)第 014241 号

环境监测实训
HUANJING JIANCE SHIXUN

选题策划 田 婧
责任编辑 张 彦 秦 悦
封面设计 李海波

出版发行 哈尔滨工程大学出版社
社 址 哈尔滨市南岗区南通大街 145 号
邮政编码 150001
发行电话 0451-82519328
传 真 0451-82519699
经 销 新华书店
印 刷 哈尔滨午阳印刷有限公司
开 本 787 mm×1 092 mm 1/16
印 张 13.25
字 数 332 千字
版 次 2023 年 12 月第 1 版
印 次 2023 年 12 月第 1 次印刷
书 号 ISBN 978-7-5661-4213-9
定 价 49.80 元
http://www.hrbeupress.com
E-mail:heupress@hrbeu.edu.cn

前　言

本书是一本系统的环境监测实训指导书，以项目为导向，以任务为驱动，通过理论讲解结合实训练习来组织教材内容，体现了教育教学改革中教学做一体化培养高素质、技能型人才的要求。

环境监测实训是"环境监测"课程的实践教学环节。这一环节将环境监测课堂理论教学与单项监测实训相结合，通过实际监测项目，使学生掌握监测方案的制定，掌握实际监测项目的实施过程，掌握实训报告的制作，并能对实训内容进行分析与表达。同时，培养并提高学生的动手能力及分析解决问题的能力，培养学生的团队协作精神，提高学生的综合素质。该课程通过教师的指导，学生自主完成从方案设计到试剂配制、方案实施到报告制作全过程，是应用型人才培养的重要环节。

本书主要内容包括：地表水水质监测、工业废水监测、城镇污水处理厂水质监测、环境空气质量监测、工业废气监测、室内空气监测、噪声监测、土壤与固体废物监测 8 个项目。

本书课程教学目标如下。

1. 知识目标

使学生掌握环境监测工作开展的路线和主要流程，学会通过分析具体环境问题制定环境监测方案；使学生掌握环境监测实验设计方法、监测方法原理并学会合理使用。

2. 能力目标

提升学生的专业理论知识运用能力，培养学生根据监测方案开展实际环境监测的能力，并能进行数据分析与处理，对监测结果进行分析解释。

3. 素质目标

提升学生对专业知识的理解和认知，使其在面对复杂环境工程问题时能够正确分析数据、评价和应用环境监测结果；使学生具有创新意识和终身学习、追踪最新监测技术发展的能力。

本书由昆明冶金高等专科学校的余良谋和吴文彬担任主编。参与编写人员还有云南协同环保工程有限公司的郑桂来、圣清环保股份有限公司的罗生和彭德阳、昆明冶金高等专科学校的张丁苓和云南北湘环保科技有限公司的熊彬龙。全书共包含 8 个项目，具体编写分工如下：余良谋编写项目一和项目三；吴文彬编写项目二；罗生编写项目四；郑桂来编写项目五；张丁苓编写项目六；熊彬龙编写项目七；彭德阳编写项目八。全书由余良谋统稿。扫描下方二维码下载并安装 launcher_new_kmyj1013. apk，即可扫描并学习书中所提供的视频及动画资源。

由于编者水平有限，书中难免存在错误和不妥之处，恳请读者与同行批评指正。

编　者

2023 年 9 月

目 录

项目一　地表水水质监测

任务一　河流水环境质量监测方案的制定

一、实训目的

监测方案是完成一项监测任务的程序和技术方法的总体设计。通过制定某河流水环境质量监测方案,使学生了解地表水环境质量监测方案的制定过程以及对水环境监测程序有更深刻的理解。制定监测方案时应首先明确监测目的,然后在调查研究、收集资料的基础上完成布设监测点位,确定监测因子,合理安排采样时间和采样频次,选定采样方法和分析测定技术,规范处理监测数据,对河流水质现状进行简单评价等。

二、现场调查和资料收集

在制定监测方案之前,应收集欲监测水体及所在区域的有关资料,主要有:

(1)欲监测水体沿岸的资源现状和水资源的用途、饮用水水源分布和重点水源保护区、水体流域土地功能及近期使用计划等。

(2)欲监测水体沿岸城市的分布、工业布局、污染源及其排污情况、城市给排水情况等。

(3)欲监测水体的文化、气候、地质和地貌资料。如水位、水量、流速及流向的变化,降雨量、蒸发量及历史的水情,河流的宽度、深度、河床结构及地质状况等。

(4)历年水质监测资料。

三、监测断面和采样点的设置

在对调查结果和有关资料进行综合分析的基础上,根据水体尺度范围,考虑代表性、可控性及经济性等因素,提出优化方案,确定断面类型和采样点数量。

河流监测断面一般应设置三种断面,即对照断面、控制断面和消减断面。对照断面反映进入本地区河流水质的初始情况,布设在不受污染物影响的城市和工业排污区的上游;控制断面布设在评价河段末端或评价河段有控制意义的位置,诸如支流汇入处、废水排放口、水工建筑和水文站下方,视沿岸污染源分布情况可设置一至数个控制断面;消减断面布设在控制断面的下游,污染物浓度有显著下降处,以反映河流对污染物的稀释自净情况。

断面上的采样点根据河流水面宽度和水深按国家相关规定确定。

四、监测因子的确定

地表水水质监测项目可分为水质常规监测项目、特征污染物和水域敏感参数。水质常规项目可根据《地表水环境质量标准》(GB 3838—2002)和《地表水和污水监测技术规范》(HJ/T 91—2002)选取，特征污染物可根据沿岸污染源排放的污染物选取，水域敏感参数可选择受纳水域敏感的或曾出现过超标而要求控制的污染物。

五、采样时间和频次的确定

根据监测目的和水体不同，监测的频次往往也不相同。对河流的水质、水文同步调查3~4天，至少应有1天对所有已选定的水质参数采样分析。一般情况下每天每个水质参数只采1个水样。

六、分析方法的确定

按照《地表水环境质量标准》(GB 3838—2002)和《地表水和污水监测技术规范》(HJ/T 91—2002)中的规定以及《水和废水监测分析方法(第四版)》进行分析方法的选择，尽量采用国家标准中的分析方法。

七、监测结果分析与评价

水质监测所测得的众多化学、物理以及生物学的监测数据是描述和评价水环境质量、进行环境管理的基本依据，必须进行科学的计算和处理，并按照要求在监测报告中表述出来。

对照《地表水环境质量标准》(GB 3838—2002)等相关标准，对水质进行分析和评价，判断水质属于哪一级，推断污染物的来源，提出改善河流水质的建议和措施。

八、实训报告

按照地表水监测方案的制定实训报告(表1-1)的格式要求认真填写。

表1-1　地表水监测方案的制定实训报告

班级		姓名		学号	
实训时间		实训地点		成绩	
批改意见： 教师签字：					

表 1-1(续 1)

实训目的	

基础资料的收集

水污染源调查表

污染源名称	用水量 /(t·h^{-1})	排水量 /(t·h^{-1})	排放的主要污染物	废水排放去向

基础资料调查表

项目	调查内容
温度	年平均水温________最高水温________最低水温________
流速	年平均水流________最大流速________最小流速________
河水平均深度	
河流平均宽度	
河流总长度	
水资源利用情况	
水质状况	

监测点位的布设

监测点位设置情况表

监测断面名称	监测垂线	监测点位

表 1-1(续 2)

监测点位平面分布图

监测点位平面分布图

监测因子的确定

监测因子表

水质常规监测项目				
特征污染物				
水域敏感参数				

分析方法的确定

监测项目的分析方法及检出下限表

序号	监测项目	分析方法	标准代码	检出下限
1				
2				

监测结果统计

水质监测结果统计表

监测项目	标准值	断面名称 1#		断面名称 2#		断面名称 3#	
		质量浓度 /($mg \cdot L^{-1}$)	超标倍数	质量浓度 /($mg \cdot L^{-1}$)	超标倍数	质量浓度 /($mg \cdot L^{-1}$)	超标倍数

表 1-1(续 3)

水质评价及合理化建议	

任务二　氨氮地表水样品的采集

流过或汇集在地球表面的水，如海洋、河流、湖泊、水库、沟渠中的水，统称为地表水。将水样从水体中分离出来的过程就是采样，采集的水样必须具有代表性。测定的样品应力求在样品的空间和时间上符合水体的真实情况，必须在预先布设好的监测点位采集水样。按照《水质 采样技术指导》(HJ 494—2009)和《水质 样品的保存和管理技术规定》(HJ 493—2009)进行水样的采集、运输和保存。

一、预习思考

(1)预习《水质 采样技术指导》(HJ 494—2009)和《水质 样品的保存和管理技术规定》(HJ 493—2009)。

(2)氨氮水样为什么要加入保护剂?

二、实训目的

(1)独立完成采样准备工作。

(2)熟练采集样品，妥善运输、保存样品。

(3)正确填写地表水采样原始数据记录表，规范填写采样标签。

三、仪器和试剂

2 500 mL 有机玻璃采水器、500 mL 试剂瓶、(1∶1)硫酸溶液、广泛 pH 试纸和其他防护用品。

四、采集水样

在规定的采样点和采样深度采集水样。用水样将采水器和盛样容器洗涤 3 遍。采集水样、平行样和现场空白样各一个，并加入保护剂，调节至 pH≤2。做好现场描述和采样记录，贴好标签。对水样采取适当保护措施，将水样安全带回实训室。

五、采样记录

认真填写地表水采样原始数据记录表（表 1-2）和现场采集样品标签（表 1-3）。

六、实训总结

（1）注意水文特征的影响及描述。
（2）在采样过程中避免样品被污染。
（3）注意保持采样现场的环境卫生。

七、实训考核

实训考核评分标准详见氨氮水样采集的操作评分表（表 1-4）。

表 1-2　地表水采样原始数据记录表

任务名称＿＿＿＿＿＿＿＿　方法依据＿＿＿＿＿＿＿＿

任务编号（小组号）＿＿＿＿＿＿＿＿

环境条件：气压＿＿＿＿，气温＿＿＿＿

现场描述＿＿＿＿＿＿＿＿

采样地点	样品编号	采样日期	采样时间		现场测定项目					保护剂
			开始	结束	pH	温度/℃	电导率/(μS·cm⁻¹)	溶解氧质量浓宽/(mg·L⁻¹)	透明度/cm	
备注										

采样人＿＿＿＿　记录人＿＿＿＿　校核人＿＿＿＿

表 1-3　现场采集样品标签

分析测试中心		
样品编号		
监测项目		
待检	在检	已检

表 1-4　氨氮水样采集的操作评分表

班级________　　学号________　　姓名________　　成绩________

考核日期________　　开始时间________　　结束时间________　　考评员________

序号	考核点	分值	评分标准	扣分	得分
(一)	采样前的准备	16			
1	采水器的洗涤	2	洗涤剂清洗,自来水清洗至少 2 遍,不合格扣 2 分		
2	盛样容器的准备	6	洗涤剂清洗,自来水清洗至少 3 遍,不合格扣 2 分; 3 个盛样瓶的选择错误,扣 2 分; 盛样瓶没有试漏的,扣 2 分		
3	保护剂的准备	2	保护剂的选择不正确,扣 2 分		
4	广泛 pH 试纸的准备	2	没有准备的,扣 2 分		
5	空白试样的准备	2	没有准备的,扣 2 分		
6	标签的准备	2	没有准备的,扣 2 分		
(二)	采样	30			
1	采水器的润洗	4	没有将水样器用现场水样润洗 2~3 遍,扣 4 分		
2	盛样容器的润洗	4	没有用水样润洗,扣 4 分		
3	采样深度	4	没有达到采样深度,扣 4 分		
4	pH 试纸的操作	4	若将 pH 试纸直接插入装样容器,扣 4 分		
5	未加保护剂前 pH 的测定	6	没有测定 pH,扣 6 分		
6	加入保护剂,测定 pH	4	没有加保护剂,扣 2 分; pH 大于 2 的,扣 2 分		
7	对样品的保护	4	没有采取防护措施,扣 4 分		
(三)	现场质控	12			
1	平行样和现场空白样的采集	6	没有采集现场空白样或采集错误,扣 3 分; 没有采集平行样或采集错误,扣 3 分		
2	避免样品污染	6	环境对采样器进水口的污染、采样者手对水样的污染、瓶盖对水样的污染,每出现一项不合格扣 2 分(请在扣分项上打√)		
(四)	采样记录	32			
1	现场描述	6	水体的颜色、水的气味、天气环境描述(请在扣分项上打√),没有描述的扣 2 分/项,语句不通顺的扣 1 分/项		
2	签字笔填写	2	使用其他笔,扣 2 分		

表 1-4(续)

序号	考核点	分值	评分标准	扣分	得分
3	水温测定	4	水温测定没有停留 5 min,扣 2 分; 读数错误,扣 2 分		
4	采样时间	2	开始时间从润洗算起,结束时间以加完保护剂为止,填写不完整,扣 2 分		
5	采样地点	2	填写不准确,扣 2 分		
6	测定项目	2	没有填写,扣 2 分		
7	保护剂	2	保护剂名称不对,扣 2 分		
8	采样人、记录人、校核人	3	每缺一项,扣 1 分		
9	记录单填写	3	不准确,扣 1 分,涂改一项扣 1 分,可累计扣分,最多扣 3 分		
10	标签填写,粘贴标签	4	样品编号,缺少一项扣 2 分,不准确或涂改一项扣 1 分,可累计扣分; 监测项目、样品状态(指待检、在检等)没有填写,缺少一项扣 2 分,不准确或涂改一项扣 1 分; 标签粘贴不及时,每次扣 1 分,可累计扣分		
11	标签干燥,信息清楚	2	打湿、模糊不清每项扣 1 分,可累计扣分		
(五)	文明操作	10			
1	过程条理清晰,现场整洁	5	不及时清理采样点废液、台面等,每项扣 2.5 分		
2	所用器皿完好无损	3	打碎一样玻璃器皿,扣 3 分		
3	合作精神	2	发生合作不愉快,扣 2 分		
合计					

任务三 浊度的测定

由于水中含有泥土、粉砂、有机物、无机物、浮游生物和微生物等悬浮物质,对进入水中的光会产生散射或吸附,从而表现出浑浊现象。水中悬浮物对光线透过时所发生的阻碍程度称为浊度。浑浊的水会影响水的感官,也是水可能受到污染的标志之一。浊度高的水会明显阻碍光线的投射,从而影响水生生物的生存。

一、预习思考

(1)预习《水质 浊度的测定》(GB 13200—1991)。

(2)如何制备无浊度水?

(3)天然水中存在的淡黄色、淡绿色对测定有无干扰?

二、实训目的

(1)掌握分光光度计的使用方法。

(2)掌握标准曲线的绘制方法。

(3)掌握分光光度法测定浊度的方法。

三、原理

在适当温度下,硫酸肼[$(NH_2)_2SO_4 \cdot H_2SO_4$]和六次甲基四胺[$(CH_2)_6N_4$]聚合,形成白色高分子聚合物,以此作为浊度标准溶液。在一定条件下,于 680 nm 处测定标准系列和水样的吸光度,以浊度为横坐标、吸光度为纵坐标,绘制标准曲线,由标准曲线方程计算被测定水样的浊度。

四、实训准备

(一)样品的采集和保存

可以使用玻璃或塑料材质的容器采集和盛装水样。容器的洗涤方法采用Ⅰ法(HJ 493—2009 规定,洗涤剂洗 1 次,自来水洗 3 次,蒸馏水洗 1 次),采样量为 250 mL。采集的水样不加任何保护剂,应在 12 h 内分析,否则应在约 4 ℃冷藏保存,48 h 内测定。

(二)实训仪器和试剂

1. 实训仪器

可见分光光度计、50 mL 具塞比色管等。

2. 实训试剂

(1)无浊度水:将蒸馏水通过 0.2 μm 滤膜过滤,收集于用滤过水荡洗两次的试剂瓶中。

(2)硫酸肼溶液:称取 1.000 g 硫酸肼溶于水中,定容至 100 mL。

(3)六次甲基四胺溶液:称取 10.00 g 六次甲基四胺溶于水中,定容至 100 mL。

(4)浊度标准溶液(400 度):吸取 5.00 mL 硫酸肼与 5.00 mL 六次甲基四胺溶液于 100 mL 容量瓶中,混匀。于(25±3)℃下静置反应 24 h。冷却后用水稀释至标线,混匀。此溶液浊度为 400 度,可保存一个月。

五、实训操作

(一)分析测试

1. 标准色列配制

取比色管 7 支,分别加入相应体积的浊度标准溶液,加无浊度水至刻度,摇匀。各管加入的浊度标准溶液和浊度值如表 1-5 所示。在 680 nm 波长下,以无浊度水为参比溶液,用 3 nm 比色皿测定吸光度。

表 1-5　浊度标准色列

比色管编号	1	2	3	4	5	6	7
标准溶液/mL	0	0.50	1.25	2.50	5.00	10.00	12.50
浊度/度	0	4	10	20	40	80	100

2. 水样测定

取 50.00 mL 摇匀的水样于比色管中，按标准曲线步骤测定吸光度。

（二）原始数据记录

认真填写浊度分析（分光光度法）原始数据记录表（表 1-6）。

（三）实训整理

（1）将分光光度计的拉杆推至非测量挡，合上样品室盖。

（2）将仪器回零，关闭仪器电源开关，拔掉电源插头。

（3）将比色皿、比色管等器皿清洗干净，物归原处。

（4）清理实训台面和地面，保持实训室干净整洁。

（5）检查实训室用水、用电是否处于安全状态。

六、数据处理

以浊度为横坐标、吸光度为纵坐标，计算标准曲线回归方程。用标准曲线回归方程计算水样浊度值。

如果水样经过稀释，则按照下式进行计算：

$$A_0 = A_1 \times \frac{V_1}{V_0}$$

式中　A_0——水样的浊度，度；

A_1——稀释后水样的浊度，度；

V_1——水样稀释后的体积，mL；

V_0——取原水样的体积，mL；

按照表 1-7 的精度要求表述测定结果。

表 1-7　不同浊度范围测试结果的精度要求　　单位：度

浊度范围	精度
1～10	1
10～100	5
100～400	10
400～1 000	50
>1 000	100

七、实训报告

按照实训报告的格式要求认真填写。

八、实训总结

(1)分光光度法适用于天然水、饮用水及高浊度水的测定。最低检测浊度为 3 度,对高浊度废水必须用无浊度水(微米级滤膜过滤)进行稀释。

(2)硫酸肼毒性较强,属致癌物质,取用时要多加注意。

(3)浊度标准储备液在使用前要摇匀。

(4)水样应无碎屑及易沉淀的颗粒。

(5)器皿不清洁及水中溶解的空气泡会影响测定结果。

(6)如在 680 nm 波长下测定,天然水中存在的淡黄色、淡绿色无干扰。

九、实训考核

实训考核评分标准详见水质浊度测定的操作评分表(表 1-8)。

表 1-6　浊度分析(分光光度法)原始数据记录表

样品种类________　　分析方法________　　分析日期____年____月____日

标准曲线	标准管号	0	1	2	3	4	5	6	7	标准溶液名称及浓度:____
	标液量/mL									________
	浊度/度									标准曲线回归方程及相关系数:________
	A									$r=$________
	$A-A_0$									方法检出限:________

样品测定	样品编号	取样量	定容体积	回归方程计算的浊度/度	水样浊度/度	计算公式:

标准化记录	仪器名称	仪器型号	显色温度	显色时间	参比溶液	波长	比色皿	室温	湿度

分析人________　　校对人________　　审核人________

表 1-8　水质浊度测定的操作评分表

班级________　学号________　姓名________　成绩________

考核日期________　开始时间________　结束时间________　考评员________

序号	考核点	分值	评分标准	扣分	得分
(一)	仪器准备	6			
1	玻璃仪器洗涤	2	玻璃仪器洗涤干净后内壁应不挂水珠,否则一次性扣2分		
2	分光光度计预热 20 min	2	仪器未进行预热或预热时间不够,扣1分; 打开盖子预热,不正确扣1分		
3	移液管润洗	2	润洗溶液若超过总体积的1/3,一次性扣0.5分; 润洗后废液应从下口排放,否则一次性扣0.5分; 润洗少于3次,一次性扣1分		
(二)	标准系列的配制	18	标准溶液使用前没有摇匀,扣2分; 标准溶液使用前没有稀释,扣3分; 移液管插入液面下1 cm左右,不正确一次性扣1分; 吸空或将溶液吸入吸耳球内,扣1分; 一次性吸液不成功,重新吸取的,一次性扣1分; 将移液管中过多的储备液放回储备液瓶中,扣2分; 每个点取液应从零分度开始,不正确一次性扣1分(工作液可放回剩余溶液再取液); 标准曲线取点不少于6点,不符合扣3分; 只选用一支吸量管移取标液,不符合扣2分; 逐滴加入蒸馏水至标线,操作不当扣1分; 混合不充分或中间未开塞,扣1分		
(三)	标准系列的测定	20			
1	测定前的准备	4	波长选择不正确,扣2分; 不能正确调"0"和"100%",扣2分		
2	测定操作	10	没有进行比色皿配套性选择或选择不当,扣2分; 手触及比色皿透光面,扣1分; 加入溶液高度不正确,扣1分; 比色皿外壁溶液处理不正确,扣1分; 不正确使用参比溶液,扣2分; 比色皿盒拉杆操作不当,扣1分; 开关比色皿暗箱盖不当,扣1分; 读数不准确或重新取液测定,扣1分		
3	测定过程中仪器被溶液污染	2	比色皿放在分光光度计仪器表面,扣1分; 比色室被洒落溶液污染或未及时彻底清理干净,扣1分		

表 1-8(续 1)

序号	考核点	分值	评分标准	扣分	得分
4	测定后的处理	4	台面不清洁,扣 1 分; 未取出比色皿或未洗涤,扣 1 分; 没有倒尽控干比色皿,扣 1 分; 未关闭仪器电源,扣 0.5 分; 测定结束,未做使用记录,扣 0.5 分		
(四)	水样的测定	10	水样取用量不合适,扣 3 分; 量取水样应使用移液管,不正确扣 2 分; 稀释倍数不正确,致使吸光度超出要求范围或在第一、第二点范围内,扣 5 分		
(五)	数据记录和结果计算	12			
1	原始记录	3	数据未直接填写在报告单上、数据不全、有空项,每项扣 0.5 分,可累计扣分; 原始记录中,缺少计量单位或错误,每出现一次扣 0.5 分; 没有进行仪器使用登记,扣 1 分		
2	结果计算	9	回归方程中 a、b 未保留 4 位有效数字,每项扣 1 分; r 未保留到小数点后 4 位,扣 1 分; 测定结果表述不正确,扣 1 分; 回归方程计算错误或没有算出,扣 5 分		
(六)	文明操作	6			
1	实训台面	2	实训过程中台面、地面脏乱,一次性扣 2 分		
2	实训结束清洗仪器、试剂物品归位	2	实训结束未先清洗仪器或试剂物品未归位就完成报告,一次性扣 2 分		
3	仪器损坏	2	仪器损坏,一次性扣 2 分		
(七)	测定结果	28			
1	校准曲线线性	8	$r \geq 0.9999$,不扣分; $r = 0.9991 \sim 0.9998$,扣 1~8 分; $r < 0.9990$,不得分		
2	测定结果精密度	10	$\lvert \overline{R_d} \rvert \leq 0.5\%$,不扣分; $0.5\% < \lvert \overline{R_d} \rvert \leq 0.6\%$,扣 1 分; $0.6\% < \lvert \overline{R_d} \rvert \leq 0.7\%$,扣 2 分; $0.7\% < \lvert \overline{R_d} \rvert \leq 0.8\%$,扣 3 分,依此类推; $1.3\% < \lvert \overline{R_d} \rvert \leq 1.4\%$,扣 9 分; $\lvert \overline{R_d} \rvert > 1.4\%$,扣 10 分		

表 1-8(续 2)

序号	考核点	分值	评分标准	扣分	得分
3	测定结果准确度	10	测定结果:测定值在 保证值±0.5%内,不扣分; 保证值±0.6%内,扣 1 分; 保证值±0.7%内,扣 2 分,依此类推; 保证值±1.4%内,扣 9 分; 保证值±1.4%外,扣 10 分		
合计					

任务四 氟化物的测定

氟是人体必需的元素之一,缺氟易患龋齿病,饮水中含氟离子的适宜质量浓度为 0.5~1.0 mg/L。一旦含量过高,则会产生毒害。当长期饮用含氟量高达 1~1.5 mg/L 的水时,易患氟斑牙。水中含氟量若高于 4 mg/L,会使人骨骼变形,引起氟骨症并损害肾脏。

在自然界中,氟常以化合物的形态存在。常见的氟化物有氟化氢(HF)、氟化钠(NaF)、氟化钡(BaF_2)、氟硅酸钠(Na_2SiF_6)、氟化钙(CaF_2)、冰晶石(Na_3AlF_6)等。

氟化物广泛存在于天然水体中。有色冶金、钢铁和铝加工、焦炭、玻璃、陶瓷、电子、电镀、化肥、农药厂的废水及含氟矿物的废水中常常存在氟化物。

一、预习思考

(1)预习《水质 氟化物的测定 离子选择电极法》(GB 7484—1987)。

(2)氟离子选择电极在使用时应注意哪些问题?

(3)总离子强度调节缓冲溶液在测量溶液中起哪些作用?

二、实训目的

(1)学会正确使用氟离子选择电极和酸度计。

(2)掌握直接电位法的测定原理及实训方法。

(3)学会标准曲线定量方法。

三、原理

氟离子选择电极时氟化镧单晶片为敏感膜的电位法指示电极,对溶液中的氟离子具有良好的选择性。氟电极与饱和甘汞电极组成的电池可表示为

$$Ag,AgCl(s)\,|\,NaF,NaCl\,LaF_3 膜\,|\,F^-\,\|\,KCl(饱和),Hg_2Cl_2(s)\,|\,Hg$$

当氟电极与含氟的试液接触时,电池的电动势 E 随溶液中氟离子活度的变化而变化。

当溶液的总离子强度为定值且足够时，电池电动势与试液中氟离子活度的对数在一定的活度范围内呈线性关系。当待测氟离子浓度 $c_{F^-}<10^{-2}$ mol/L 时，活度系数为 1，可以用 c_{F^-} 代替其活度 α_{F^-}，即

$$E=E_0-\frac{2.303RT}{F}\lg c_{F^-}$$

E 与 $\lg c_{F^-}$ 成直线关系，$\frac{2.303\,RT}{F}$ 为该直线的斜率，亦为电极的斜率，利用此关系式即可求出试液中氟离子的含量。

四、实训准备

（一）样品的采集和保存

用聚乙烯瓶盛装水样，采样量为 250 mL，在 1~5 ℃和避光条件下可保存 14 d。采样容器和盛样容器的洗涤方法采用Ⅰ法（HJ 493—2009 规定，洗涤剂洗 1 次，自来水洗 3 次，蒸馏水洗 1 次）。

（二）实训仪器和试剂

1. 实训仪器

离子活度计或精密酸度计、氟离子选择电极、饱和甘汞电极、电磁搅拌器等。

2. 实训试剂

所用水为去离子水或无氟蒸馏水。

（1）氟化物标准储备液：称取 0.221 0 g 基准氟化钠（预先于 105~110 ℃烘干 2 h，或者于 500~650 ℃烘干约 40 min，冷却），用水溶解后转入 1 000 mL 容量瓶中，稀释至标线，摇匀。储存在聚乙烯瓶中。此溶液每毫升含氟离子 100 μg。

（2）氟化物标准溶液：用无分度吸量管吸取氟化钠标准储备液 10.00 mL，注入 100 mL 容量瓶中，稀释至标线，摇匀。此溶液每毫升含氟离子 10 μg。

（3）乙酸钠溶液：称取 15 g 乙酸钠（CH_3COONa）溶于水，并稀释至 100 mL。

（4）总离子强度调节缓冲溶液（TISAB）：称取 58.8 g 二水合柠檬酸钠和 85 g 硝酸钠，加水溶解，用盐酸调节 pH 至 5~6，转入 1 000 mL 容量瓶中，稀释至标线，摇匀。

（5）2 mol/L 盐酸溶液。

（三）仪器准备和操作

首先按照所用测量仪器和电极使用说明接好线路，将各开关置于“关”位置，开启电源开关，预热 20 min，之后按操作说明书要求进行。测定前，试液应达到室温，并与标准溶液温度一致（温差不得超过±1 ℃）。

五、实训操作

（一）分析测试

1. 标准曲线控制

用无分度吸管吸取 1.00 mL、3.00 mL、5.00 mL、10.00 mL、20.00 mL 氟化物标准溶液，

分别置于 5 只 50 mL 容量瓶中，加入 10 mL 总离子强度调节缓冲溶液，用水稀释至标线，摇匀。分别移入 100 mL 聚乙烯杯中，各放入一只塑料搅拌子，按浓度由低到高的顺序，依次插入电极，连续搅拌溶液，读取搅拌状态下的稳态电位值(E)。在每次测量之前，都要用水将电极冲洗干净，并用滤纸吸去水分。以 E 为纵坐标，以 $\lg c_{F^-}$ 为横坐标，计算标准曲线的回归方程。

2. 水样测定

用无分度吸管吸取适量水样，置于 50 mL 容量瓶中，用乙酸钠或盐酸溶液调节至近中性，加入 10 mL 总离子强度调节缓冲溶液，用水稀释至标线，摇匀。将其移入 100 mL 聚乙烯杯中，放入一只塑料搅拌子，插入电极，连续搅拌溶液，待电位稳定后，在继续搅拌下读取电位值(E_x)。在每次测量之前，都要用水充分洗涤电极，并用滤纸吸去水分。根据测得的电位值，由标准曲线回归方程计算氟化物的含量。

3. 空白测定

用蒸馏水代替水样，按测定样品的条件和步骤进行测定。

(二)原始数据记录

认真填写氟化物分析(电极法)原始数据记录表(表 1-9)。

(三)实训室整理

(1)将电极清洗干净，放置在规定的地方。

(2)将仪器回零，关闭仪器电源开关，拔掉电源插头。

(3)将实训所用器皿清洗干净，物归原处。

(4)清理实训台面和地面，保持实训室干净整洁。

(5)检查实训室用水、用电是否处于安全状态。

六、数据处理

将试液测得的电位值 E_x 代入标准曲线回归方程计算出氟离子浓度，再计算出水样中氟化物的含量(mg/L)。如果试液中氟化物含量低，则应从测定值中扣除空白试验值。

七、实训报告

按照实训报告的格式要求认真填写。

八、实训总结

(1)方法的适用范围：适用于地表水、地下水、工业废水中氟化物的测定。最低检出浓度为 0.05 mg/L(以 F^- 计)；测定上限为 1 900 mg/L(以 F^- 计)。

(2)对于污染严重的生活污水或工业废水，以及含氟硼酸盐的水样要进行预蒸馏处理，可以用直接蒸馏法，也可以用水蒸气蒸馏法。

(3)电极用后应用水充分冲洗干净，并用滤纸吸去水分，放在空气中，或者放在稀的氟化物标准溶液中。如果短时间不再使用,应洗净,吸去水分。

(4) 如果试液中氟化物含量低,则应从测定值中扣除空白试验值。

(5) 不得用手指触摸电极的敏感膜;如果电极膜表面被有机物等沾污,必须先清洗干净后才能使用。

(6) 当水样组成复杂或成分不明时,宜采用一次标准加入法,以便减少对基体的影响。实施其操作时,先按水样的测定步骤测出试液的电位值(E_1),然后向试液中加入一定量(与试液中氟的含量相近)的氟化物标准液,在不断搅拌下读取稳态电位值(E_2)。结果按下式计算:

$$P_x=\frac{P_s\cdot\left(\dfrac{V_s}{V_x+V_s}\right)}{10^{(E_2-E_1)/S}-\left(\dfrac{V_s}{V_x+V_s}\right)}$$

式中　P_x——水样中氟离子的质量浓度,mg/L;

V_x——水样的体积,mL;

P_s——F^-标准溶液的质量浓度,mg/L;

V_s——加入F^-标准溶液的体积,mL;

S——氟离子选择电极实测斜率。

九、实训考核

实训考核评分标准详见水质氟化物测定的操作评分表(表 1-10)。

表 1-9　氟化物分析(电极法)原始数据记录表

样品种类________　　分析方法________　　分析日期____年____月____日

<table>
<tr><td rowspan="5">标准曲线</td><td colspan="2">标准管号</td><td>0</td><td>1</td><td>2</td><td>3</td><td>4</td><td>5</td><td rowspan="5">标准溶液名称及浓度:_____
____
标准曲线回归方程及相关系数:________________
r = ________________
方法检出限:____________</td></tr>
<tr><td rowspan="2">标液量</td><td>mL</td><td></td><td></td><td></td><td></td><td></td><td></td></tr>
<tr><td>μg</td><td></td><td></td><td></td><td></td><td></td><td></td></tr>
<tr><td colspan="2">$-\lg c_{F^-}$</td><td></td><td></td><td></td><td></td><td></td><td></td></tr>
<tr><td colspan="2">E/mV</td><td></td><td></td><td></td><td></td><td></td><td></td></tr>
</table>

<table>
<tr><td rowspan="6">样品测定</td><td>样品编号</td><td>取样量/mL</td><td>样品电位值/mV</td><td>空白电位值/mV</td><td>回归方程计算结果/(mg · L^{-1})</td><td>样品质量浓度/(mg · L^{-1})</td><td rowspan="6">计算公式:</td></tr>
<tr><td>1</td><td></td><td></td><td></td><td></td><td></td></tr>
<tr><td>2</td><td></td><td></td><td></td><td></td><td></td></tr>
<tr><td>3</td><td></td><td></td><td></td><td></td><td></td></tr>
<tr><td></td><td></td><td></td><td></td><td></td><td></td></tr>
<tr><td></td><td></td><td></td><td></td><td></td><td></td></tr>
</table>

表 1-9(续)

标准化记录	仪器名称	仪器型号	溶液温度	湿度	指示电极	参比电极

分析人________　　校对人________　　审核人________

表 1-10　水质氟化物测定的操作评分表

班级________　　学号________　　姓名________　　成绩________

考核日期________　　开始时间________　　结束时间________　　考评员________

序号	考核点	分值	评分标准	扣分	得分
(一)	仪器准备	4			
1	玻璃仪器洗涤	2	玻璃仪器洗涤干净后内壁应不挂水珠,否则一次性扣2分		
2	仪器预热 20 min	2	仪器未进行预热或预热时间不够,扣2分		
(二)	标准系列的配制	16	标准溶液使用前没有摇匀,扣2分; 润洗溶液若超过总体积的1/3,一次性扣1分; 润洗后废液应从下口排放,否则一次性扣1分; 润洗少于3次,一次性扣2分; 移液管插入液面下1 cm左右,不正确一次性扣1分; 吸空或将溶液吸入吸耳球内,扣1分; 一次吸液不成功,重新吸取的,一次性扣1分; 将移液管中过多的储备液放回储备液瓶中,扣1分; 每个点取液应从零分度开始,不正确一次性扣1分(工作液可放回剩余溶液再取液); 标准曲线取点不少于5点,不符合扣2分; 只选用一支吸量管移取标液,不符合扣1分; 逐滴加入蒸馏水至标线,操作不当扣1分; 混合不充分或中间未开塞,扣1分		
(三)	测量仪器的使用	10	测量电极的选择不正确,扣2分; 测量电极的检查不正确或未进行,扣2分; 测量电极测定前的处理不正确,扣2分; 仪器组装不正确,扣2分; 测定前测量开关调至 mV,未进行扣2分		
(四)	数据记录和结果计算	16			

表 1-10(续)

序号	考核点	分值	评分标准	扣分	得分
1	原始记录	3	数据未直接填写在报告单上、数据不全、有空项,每项扣 0.5 分,可累计扣分; 原始记录中缺少计量单位,每出现一次扣 0.5 分; 没有进行仪器使用登记,扣 1 分		
2	回归方程	10	没有采用最小二乘法处理数据,扣 1 分; a、b 有效数字表示不正确,每项扣 1 分; 没有计算相关系数或计算错误,扣 2 分; 没有算出回归方程或计算错误,扣 5 分		
3	有效数字的运算	3	有效数字运算不规范,一次性扣 3 分		
(五)	水样的测定	20	水样取用量不合适,扣 4 分; 量取水样应使用移液管,不正确扣 4 分; 稀释倍数不正确,致使测定值超出要求,扣 4 分; 水样要平行测定 3 次,少于 1 次扣 4 分,可累计扣分		
(六)	文明操作	6			
1	实训台面	2	实训过程中台面、地面脏乱,一次性扣 2 分		
2	实训结束清洗仪器、试剂物品归位	2	实训结束未先清洗仪器或试剂物品未归位就完成报告,一次性扣 2 分		
3	仪器损坏	2	仪器损坏,一次性扣 2 分		
(七)	测定结果	28			
1	校准曲线线性	8	$r \geq 0.9999$,不扣分; $r = 0.9991 \sim 0.9998$,扣 1~8 分; $r < 0.9990$,不得分		
2	测定结果精密度	10	$\lvert \overline{R_d} \rvert \leq 0.5\%$,不扣分; $0.5\% < \lvert \overline{R_d} \rvert \leq 0.6\%$,扣 1 分; $0.6\% < \lvert \overline{R_d} \rvert \leq 0.7\%$,扣 2 分; $0.7\% < \lvert \overline{R_d} \rvert \leq 0.8\%$,扣 3 分,依此类推; $1.3\% < \lvert \overline{R_d} \rvert \leq 1.4\%$,扣 9 分; $\lvert \overline{R_d} \rvert > 1.4\%$,扣 10 分		
3	测定结果准确度	10	测定结果:测定值在 保证值±0.5%内,不扣分; 保证值±0.6%内,扣 1 分; 保证值±0.7%内,扣 2 分,依此类推; 保证值±1.4%内,扣 9 分; 保证值±1.4%外,扣 10 分		
合计					

任务五 溶解氧的测定

溶解氧是指溶解在水中的分子态氧。天然水的溶解氧含量取决于水体与大气中氧的平衡。溶解氧的饱和含量与空气中氧的分压、大气压力、水温有密切关系。清洁地表水的溶解氧一般接近饱和。由于藻类的生长,溶解氧可能过饱和。水体受有机、无机还原性物质污染时溶解氧降低,水质恶化。当溶解氧低于 4 mg/L 时,会导致鱼虾大量死亡,因此溶解氧是评价水质的重要指标之一。

一、预习思考

(1)预习《水质 溶解氧的测定 碘量法》(GB 7489—1987)。

(2)溶解氧样品现场如何固定?

(3)测定溶解氧时干扰物质有哪些?如何处理?

二、实训目的

(1)熟悉滴定操作技术。

(2)掌握碘量法测定溶解氧的方法。

三、原理

水样中加入硫酸锰和碱性碘化钾,水中溶解氧将低价锰氧化成高价锰,生成棕色的四价锰的氢氧化物沉淀。加酸后,氢氧化物沉淀溶解并与碘离子反应释放出游离碘。以淀粉作指示剂,用硫代硫酸钠滴定释放出的碘,计算溶解氧的含量。反应如下:

$$MnSO_4+2NaOH = Na_2SO_4+Mn(OH)_2\downarrow \text{(白色沉淀)}$$

$$2Mn(OH)_2+O_2 = 2MnO(OH)_2\downarrow \text{(棕色沉淀)}$$

$$MnO(OH)_2+2H_2SO_4 = Mn(SO_4)_2+3H_2O$$

$$Mn(SO_4)_2+2KI = MnSO_4+K_2SO_4+I_2$$

$$2Na_2S_2O_3+I_2 = Na_2S_4O_6+2NaI$$

四、实训准备

(一)样品的采集和保存

选用溶解氧瓶采集水样,采样量为 250 mL 。容器的洗涤方法采用Ⅰ法(HJ 493—2009 规定,洗涤剂洗 1 次,自来水洗 3 次,蒸馏水洗 1 次)。采集水样时,要注意不使水样曝气或有气泡残存在采样瓶中。可用水样冲洗溶解氧瓶后,沿瓶壁直接倾注水样或用虹吸法将细管插入溶解氧瓶底部,注入水样应溢流出瓶容积的 1/3~1/2。

水样采集后，为防止溶解氧的变化，应在现场加入固定剂，并存于冷暗处，24 h 内分析，同时记录水温和大气压力。

（二）实训仪器和试剂

1. 实训仪器

250～300 mL 溶解氧瓶、碘量瓶、滴定管等。

2. 实训试剂

（1）硫酸钾溶液：称取 480 g $MnSO_4 \cdot 4H_2O$ 或 364 g $MnSO_4 \cdot 4H_2O$ 溶于水中，用水稀释至 1 000 mL。此溶液加至酸化过的碘化钾溶液中，遇淀粉应不呈蓝色。

（2）碱性碘化钾溶液：称取 500 g 氢氧化钠，溶于 300～400 mL 水中；另称取 150 g 碘化钾，溶于 200 mL 水中，待氢氧化钠溶液冷却后，将两溶液合并，混匀，用水稀释至 1 000 mL。如有沉淀，则放置过夜后，倾出上层清液，储存于棕色瓶中，用橡皮塞塞紧，避光保存。此溶液酸化后，遇淀粉应不呈蓝色。

（3）（1∶5）硫酸溶液：将 20 mL 浓硫酸缓缓加入 100 mL 水中。

（4）1%淀粉溶液：称取 0.1 g 可溶性淀粉，用少量水调成糊状，再用刚煮沸的水稀释至 100 mL。冷却后，加入 0.1 g 水杨酸或 0.4 g 氯化锌防腐。

（5）0.025 00 mol/L 重铬酸钾标准溶液[$c(1/6K_2Cr_2O_7)$]：取于 105～110 ℃烘干 2 h 并冷却的重铬酸钾 1.225 8 g，溶于水，移入 1 000 mL 容量瓶中，用水稀释至标线。

（6）硫代硫酸钠溶液[$c(Na_2S_2O_3)$]：称取 3.2 g 硫代硫酸钠（$Na_2S_2O_3 \cdot 5H_2O$）溶于煮沸放冷的水中，加入 0.2 g 碳酸钠，用水稀释至 1 000 mL，储存于棕色瓶中，使用前用 0.025 00 mol/L 重铬酸钾标准溶液标定。

五、实训操作

（一）分析测试

1. 硫代硫酸钠溶液标定

于 250 mL 碘量瓶中，加入 100 mL 水和 1 g 碘化钾，加入 10.00 mL 浓度为 0.025 00 mol/L 的重铬酸钾标准溶液，5 mL（1∶5）硫酸溶液，密塞，摇匀。

于暗处静置 5 min 后，用待标定的硫代硫酸钠溶液滴定至溶液呈淡黄色，加入 1 mL 淀粉指示剂，继续滴定至蓝色刚好退去为止。记录硫代硫酸钠溶液的用量 V，硫代硫酸钠的浓度可用下式计算：

$$c = \frac{10.00 \times 0.025\ 00}{V}$$

平行标定 3 份，求出硫代硫酸钠溶液浓度的算术平均值。

2. 样品测定

（1）溶解氧的固定。将吸管插入溶解氧瓶的液面下，加入 1 mL 硫酸锰溶液、2 mL 碱性碘化钾溶液，盖好瓶塞，颠倒混合数次，静置。待棕色沉淀物降至瓶内一半时，再颠倒混合一次，待沉淀物下降到瓶底。一般在取样现场固定。

(2)析出碘。轻轻打开瓶塞,立即用吸管插入液面下,加入 2.0 mL 硫酸。小心盖好瓶塞,颠倒混合,摇匀至沉淀物全部溶解为止,放置暗处 5 min。

(3)滴定碘。移取 100.00 mL 上述溶液于 250 mL 锥形瓶中,用硫代硫酸钠溶液滴定至溶液呈淡黄色,加入 1 mL 淀粉溶液,继续滴定至蓝色刚好褪去为止,记录硫代硫酸钠溶液的用量。

(二)原始数据记录

认真填写溶解氧分析(碘量法)原始数据记录表(表 1-11)。

(三)实训室整理

(1)将溶解氧瓶、滴定管等器皿清洗干净,物归原处。

(2)清理实训台面和地面,保持实训室干净整洁。

(3)检查实训室用水、用电是否处于安全状态。

六、数据处理

水质溶解氧的浓度按下式计算:

$$溶解氧(O_2,mg/L)=\frac{cV\times 8\times 1\ 000}{100}$$

式中 c——硫代硫酸钠溶液的浓度,mol/L;

V——滴定时消耗硫代硫酸钠溶液的体积,mL;

8——1/2 氧的摩尔质量,g/mol。

七、实训报告

按照实训报告的格式要求认真填写。

八、实训总结

(1)取自来水水样时,要控制水的流速,防止曝气。

(2)加试剂时,吸管要插入液面下。

(3)滴定碘时指示剂加入时机要适宜,不要过早或过晚。

(4)当水样中含有硝酸盐时会有干扰测定,可加入叠氮化钠使水中的亚硝酸盐分解而消除干扰。其加入方法是预先将叠氮化钠加入碱性碘化钾溶液中。

(5)如水样中含 Fe^{3+}达 100~200 mg/L 时,可加入 1 mL 40%氟化钾溶液消除干扰。

(6)如水样中含氧化性物质(如游离氯等),应预先加入一定量的硫代硫酸钠去除。

九、实训考核

实训考核评分标准详见水质溶解氧测定的操作评分表(表 1-12)。

表 1-11　溶解氧分析(碘量法)原始数据记录表

样品种类________　　分析方法________　　分析日期____年____月____日

<table>
<tr><td rowspan="5">硫代硫酸钠溶液的标定</td><td rowspan="2">次数</td><td colspan="6">滴定重铬酸钾标准溶液时
硫代硫酸钠溶液的用量/mL</td><td colspan="2" rowspan="2">硫代硫酸钠溶液的浓度
/(mol·L^{-1})</td><td rowspan="2">硫代硫酸钠溶液的平均浓度
/(mol·L^{-1})</td></tr>
<tr><td colspan="2">初始读数</td><td colspan="2">终点读数</td><td colspan="2">消耗体积</td></tr>
<tr><td>1</td><td colspan="2"></td><td colspan="2"></td><td colspan="2"></td><td colspan="2"></td><td rowspan="3"></td></tr>
<tr><td>2</td><td colspan="2"></td><td colspan="2"></td><td colspan="2"></td><td colspan="2"></td></tr>
<tr><td>3</td><td colspan="2"></td><td colspan="2"></td><td colspan="2"></td><td colspan="2"></td></tr>
<tr><td rowspan="4">样品的测定</td><td rowspan="2">样品编号</td><td rowspan="2">取样量
/mL</td><td rowspan="2">稀释倍数</td><td colspan="6">测定水样时硫代硫酸钠溶液的用量/mL</td><td rowspan="4">样品溶解氧浓度
/(mg·L^{-1})</td></tr>
<tr><td colspan="2">初始读数</td><td colspan="2">终点读数</td><td colspan="2">消耗体积</td></tr>
<tr><td></td><td></td><td></td><td colspan="2"></td><td colspan="2"></td><td colspan="2"></td></tr>
<tr><td></td><td></td><td></td><td colspan="2"></td><td colspan="2"></td><td colspan="2"></td></tr>
<tr><td rowspan="2">标准化记录</td><td colspan="2">重铬酸钾标准溶液浓度
/(mg·L^{-1})</td><td colspan="2">硫代硫酸钠溶液标定时间</td><td colspan="2">硫代硫酸钠溶液浓度计算公式</td><td colspan="2">温度/℃</td><td>湿度</td><td>溶解氧计算公式</td></tr>
<tr><td colspan="2"></td><td colspan="2"></td><td colspan="2"></td><td colspan="2"></td><td></td><td></td></tr>
</table>

分析人________　　校对人________　　审核人________

表 1-12　水质溶解氧测定的操作评分表

班级________　　学号________　　姓名________　　成绩________

考核日期________　　开始时间________　　结束时间________　　考评员________

序号	考核点	分值	评分标准	扣分	得分
(一)	碘化钾的称量	10			
1	称量前的准备	1	未检查天平水平,扣 0.5 分		
2	天平称量操作	8	干燥器盖子放置不正确,扣 1 分; 烧杯未放置在天平盘的中央,扣 1 分; 称量的量不正确,扣 2 分; 试样撒落,扣 2 分; 放置称量物要轻巧,不正确扣 1 分; 读数及记录不正确,扣 1 分		
3	称量后处理	1	天平没有收拾整理,扣 1 分		
(二)	硫代硫酸钠溶液的标定	24			
1	玻璃仪器洗涤	2	玻璃仪器洗涤干净后内壁应不挂水珠,不正确扣 2 分		

表 1-12(续 1)

序号	考核点	分值	评分标准	扣分	得分
2	移液管润洗	3	润洗溶液若超过总体积的 1/3,一次性扣 0.5 分; 润洗后废液应从下口排出,不正确扣 0.5 分; 润洗少于 3 次,扣 2 分		
3	移取、放出溶液	6	移液管插入液面下 1~2 cm,不正确扣 1 分; 吸空或将溶液吸入吸耳球内,扣 1 分; 移取溶液时,移液管未竖直,一次性扣 1 分; 放液时锥形瓶壁放液,不正确扣 1 分; 放完液后要停靠 15 s,不能吹,不正确扣 1 分		
4	滴定操作	10	滴定管未进行试漏或时间不足 1~2 min(总时间),扣 0.5 分; 润洗方法不正确,扣 1 分; 滴定前管尖残液未除去,每出现一次扣 0.5 分,可累计扣分; 操作不当造成漏液,扣 0.5 分; 滴定至淡黄色再加淀粉指示剂,不正确扣 2 分; 终点控制不准(非半滴到达、颜色不正确),每出现一次扣 0.5 分,可累计扣分; 读数不正确 ,每出现一次扣 0.5 分; 原始数据未及时记录在报告单上,每出现一次扣 1 分		
5	原始记录	3	数据记录不正确(有效数字、单位),每出现一次扣 1 分; 数据不全、有空项、字迹不工整,每出现一次扣 0.5 分		
(三)	样品的测定	30			
1	取试样	4	盛试样的器皿选择不正确,扣 1 分; 虹吸法取样,不正确扣 3 分		
2	测定过程	8	用胶头滴管加保存剂时,取上清液,不正确扣 2 分; 用胶头滴管加保存剂时,不能产生气泡,不正确扣 2 分; 硫酸溶液加错,扣 2 分; 用量筒直接量取硫酸溶液,不能用胶头滴管,不正确扣 1 分; 放置于暗处反应 5 min,不正确扣 1 分		
3	滴定操作	12	滴定前管尖残液未除去,每出现一次扣 0.5 分; 未双手配合或控制旋塞不正确,扣 0.5 分; 操作不当造成漏液,扣 0.5 分; 终点控制不准(非半滴到达、颜色不正确),每出现一次扣 1 分; 滴定至淡黄色再加淀粉指示剂,不正确扣 2 分; 读数不正确 ,每出现一次扣 0.5 分; 原始数据未及时记录在报告单上,每出现一次扣 1 分		

表 1-12(续 2)

序号	考核点	分值	评分标准	扣分	得分
4	原始记录	3	数据未直接填在报告单上,每出现一次扣 1 分; 数据不全、有空项、字迹不工整,请在扣分项打√,每出现一次扣 0.5 分,可累计扣分但不超过 3 分		
5	有效数字运算	3	有效数字运算不规范,一次性扣 3 分		
(四)	文明操作	6			
1	实训台面	2	实训过程中台面、地面脏乱,一次性扣 1 分		
2	实训结束清洗仪器、试剂物品归位	2	实训结束未先清洗仪器或试剂物品未归位就完成报告,一次性扣 2 分		
3	仪器损坏	2	仪器损坏,一次性扣 2 分		
(五)	测定结果	30			
1	标定结果精密度	10	(极差/平均值)≤0.15%,不扣分; 0.15%<(极差/平均值)≤0.25%,扣 2.5 分; 0.25%<(极差/平均值)≤0.35%,扣 5 分; 0.35%<(极差/平均值)≤0.45%,扣 7.5 分; (极差/平均值)>0.45 %或标定结果少于 3 份,不给分		
2	标定结果准确度	10	(极差/平均值)>0.45 %或标定结果少于 3 份,不给分; 保证值±1 s 内,不扣分; 保证值±2 s 内,扣 3 分; 保证值±3 s 内,扣 6 分; 保证值±4 s 外,扣 10 分		
3	测定结果准确度	10	保证值±1 s 内,不扣分; 保证值±2 s 内,扣 3 分; 保证值±3 s 内,扣 7 分; 保证值±3 s 外,不得分		
合计					

任务六　高锰酸盐指数的测定

以高锰酸钾溶液为氧化剂测得的化学需氧量称为高锰酸盐指数,它是反映水体中有机及无机可氧化物质污染的常用指标。此方法简便、快速,但不能代表水中有机物质的全部含量,因为含氮有机物在此条件下较难分解,故国际标准化组织(ISO)建议此指标仅限于测定地表水、饮用水和生活污水。

一、预习思考

(1)预习《水质 高锰酸盐指数的测定》(GB 11892—1989)。

(2)测定高锰酸盐指数时,高锰酸钾溶液的浓度为何要低于 0.01 mol/L($1/5KMnO_4$)?

(3)在水浴加热完毕后,水样溶液的红色全部退去,说明什么?应如何处理?

二、实训目的

(1)熟悉滴定操作技术。

(2)掌握酸性法则测定高锰酸盐指数的方法。

三、原理

在水样中加入硫酸使之呈酸性后,加入一定量的高锰酸钾溶液并加热,使其与水中的有机物质反应,过量的高锰酸钾用过量的草酸钠溶液还原,再用高锰酸钾回滴过量的草酸钠,计算求出高锰酸盐指数。反应如下:

$$4MnO_4^- + 12H^+ + 5C \xlongequal{} 4Mn^{2+} + 5CO_2\uparrow + 6H_2O$$

$$2MnO_4^- + 16H^+ + 5C_2O_4^{2-} \xlongequal{} 2Mn^{2+} + 10CO_2\uparrow + 8H_2O$$

四、实训准备

(一)样品的采集和保存

选择玻璃瓶盛装水样,采集量为 500 mL。容器的洗涤方法采用 I 法(HJ 493—2009 规定,洗涤剂洗 1 次,自来水洗 3 次,蒸馏水洗 1 次)。加入硫酸将水样 pH 酸化至 1~2,并尽快分析。如保存时间超过 6 h,则于 0~5 ℃下存放,2 d 内分析。

(二)实训仪器和试剂

1. 实训仪器

恒温水浴装置、酸式滴定管等。

2. 实训试剂

(1)高锰酸钾标准储备溶液[$c(1/5KMnO_4)$ = 0.1 mol/L]:称取 3.2 g 高锰酸钾溶于 1.2 L 水中,加热煮沸,使体积减少至约 1 L,放置过夜,用 G-3 玻璃砂芯漏斗过滤后,滤液置于棕色瓶中保存。

(2)高锰酸钾标准溶液[$c(1/5KMnO_4)$ = 0.01 mol/L]:吸取 100 mL 上述 0.1 mol/L 高锰酸钾溶液,用水稀释混匀,定容至 1 000 mL,储于棕色瓶中。使用当天应进行标定。

(3)草酸钠标准储备液[$c(1/2Na_2C_2O_4)$ = 0.100 0 mol/L]:称取 0.670 5 g 在 105~110 ℃烘干 1 h 并冷却的草酸钠溶于水,移入 100 mL 容量瓶中,用水稀释至标线。

(4)草酸钠标准溶液[$c(1/2Na_2C_2O_4)$ = 0.010 0 mol/L]:吸取 10.00 mL 上述草酸钠标准储备液,移入 100 mL 容量瓶中,用水稀释至标线。

五、实训操作

（一）分析测试

1. 样品测定

如图 1-1 所示为测定高锰酸钾指数程序。

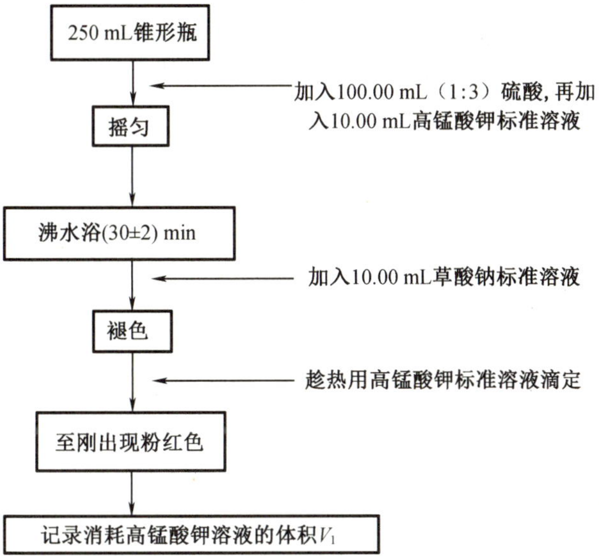

图 1-1　测定高锰酸钾指数程序

2. K 值测定

将上述已滴定完毕的溶液加热至 70 ℃，准确加入 10.00 mL 草酸钠标准溶液(0.010 00 mol/L)，再用 0.01 mol/L 高锰酸钾溶液滴定到显微红色。记录高锰酸钾溶液的消耗量。按下式求得高锰酸钾的校正系数(K)：

$$K=\frac{10.00}{V}$$

式中　V——高锰酸钾溶液的消耗量，mL。

（二）原始数据记录

认真填写高锰酸盐指数分析原始数据记录表(表 1-13)。

（三）实训室整理

(1)关闭水浴锅电源开关，拔掉电源插头。

(2)将滴定管等器皿清洗干净，物归原处。

(3)清理实训台面和地面，保持实训室干净整洁。

(4)检查实训室用水、用电是否处于安全状态。

六、数据处理

1. 水样不经稀释

$$高锰酸盐指数(O_2,mg/L)=\frac{[(10+V_1)K-10]\times c\times 8\times 1\ 000}{100}$$

式中 V_1——滴定水样时，消耗高锰酸钾溶液的体积，mL；

K——校正系数(每毫升高锰酸钾标准溶液相当于草酸钠标准溶液的毫升数)；

c——草酸钠标准溶液的浓度，mol/L；

8——1/2 氧的摩尔质量，g/mol。

2. 水样经过稀释

$$高锰酸盐指数(O_2,mg/L)=\frac{\{[(10+V_1)K-10]-[(10+V_0)K-10]\times f\}\times c\times 8\times 1\ 000}{V_2}$$

式中 V_0——空白实验时，消耗高锰酸钾溶液的体积，mL；

V_2——测定时，所取样品体积，mL；

f——稀释样品时，100 mL 测定试液中蒸馏水所占的比例，例如 10 mL 样品用水稀释至 100 mL，则 $f=(100-10)/100=0.90$。

七、实训报告

按照实训报告的格式要求认真填写。

八、实训总结

(1)该方法适用于饮水机、水源水、地表水的测定，测定范围为 0.5~4.5 mg/L。当氯离子浓度高于 300 mg/L 时，采用碱性高锰酸钾法测定。

(2)新使用的玻璃器皿，应先用酸性高锰酸钾浸泡后，再清洗干净。

(3)沸水浴的水面要高于锥形瓶内的液面。

(4)样品加热氧化后剩余的 0.01 mol/L 高锰酸钾为其加入量的 1/3~1/2 为宜。加热时，如溶液红色褪去，说明加入的高锰酸钾量不够，需重新取样，并稀释后测定。

(5)滴定时温度如低于 60 ℃，反应速度缓慢，应加热至 80 ℃左右。

(6)沸水浴温度为 98 ℃。如高原地区，报出测定结果时，应注明水的沸点。

(7)注意滴定高锰酸钾速度的节奏为慢—快—慢。

九、实训考核

实训考核评分标准详见高锰酸盐指数测定的操作评分表(表 1-14)。

表 1-13　高锰酸盐指数分析原始数据记录表

样品种类________　　分析方法________　　分析日期____年____月____日

<table>
<tr><td rowspan="4">样品的测定</td><td>样品编号</td><td>取样量/mL</td><td>稀释倍数</td><td>测定水样时高锰酸钾溶液的用量/mL</td><td>标定 K 值时高锰酸钾溶液的用量/mL</td><td>样品高锰酸盐指数/(mg·L⁻¹)</td></tr>
<tr><td></td><td></td><td></td><td></td><td></td><td></td></tr>
<tr><td></td><td></td><td></td><td></td><td></td><td></td></tr>
<tr><td></td><td></td><td></td><td></td><td></td><td></td></tr>
<tr><td rowspan="2">标准化记录</td><td>草酸钠标准溶液浓度/(mol·L⁻¹)</td><td>K 值标定时间</td><td>高锰酸钾溶液校正系数 K 计算公式</td><td>温度/℃</td><td>湿度</td><td>高锰酸盐指数的计算公式</td></tr>
<tr><td></td><td></td><td></td><td></td><td></td><td></td></tr>
</table>

分析人________　　校对人________　　审核人________

表 1-14　高锰酸盐指数测定的操作评分表

班级________　　学号________　　姓名________　　成绩________
考核日期________　　开始时间________　　结束时间________　　考评员________

序号	考核点	分值	评分标准	扣分	得分
(一)	标准溶液的稀释	22			
1	玻璃仪器洗涤	2	玻璃仪器洗涤干净后内壁应不挂水珠，不正确扣 2 分		
2	移液管润洗	2	润洗溶液若超过总体积的 1/3，一次性扣 0.5 分； 润洗后废液应从下口排出，不正确扣 0.5 分； 润洗少于 3 次，扣 1 分		
3	移取、放出溶液	8	移液时，移液管插入液面下 1～2 cm，插入过深，一次性扣 1 分； 吸空或将溶液吸入吸耳球内，一次性扣 2 分； 移液时，移液管不竖直，一次性扣 2 分； 放液时，锥形瓶未倾斜 30°～45°，一次性扣 1 分； 管尖未靠壁，一次性扣 1 分； 溶液流完后未停靠 15 s，一次性扣 1 分		
4	定容操作	10	没有进行容量瓶试漏检查，扣 2 分； 加水至容量瓶约 3/4 体积时没有平摇，扣 2 分； 加水至近标线约 1 cm 处没有等待 1 min，扣 2 分； 逐滴加入蒸馏水至标线，操作不当扣 2 分； 未充分混匀或中间未开塞，扣 1 分； 持瓶方式不正确，扣 1 分		
(二)	定量测定	34			

表 1-14(续 1)

序号	考核点	分值	评分标准	扣分	得分
1	取试样	2	量取器皿选择不正确,扣 2 分		
2	测定过程	10	加入 $KMnO_4$ 前,应将 $KMnO_4$ 摇匀,没有摇匀,扣 2 分; 加入的 $KMnO_4$ 只能用滴定管加入,用移液管扣 4 分; 水浴没有沸腾即加热水样,一次性扣 1 分; 水浴水面低于试样液面,扣 1 分; 加热时间不在规定范围内,扣 2 分		
3	滴定操作	16	滴定管未进行试漏或时间不足 2 min(总时间),扣 2 分; 润洗前,未摇匀 $KMnO_4$ 溶液,一次性扣 1 分; 润洗次数少于 3 次,扣 1 分; 未排净气泡,每次扣 1 分; 调"0"时,应捏住滴定管上部无刻度处,否则一次性扣 1 分; 滴定前管尖残液未除去,每出现一次扣 0.5 分,最多扣 1 分; 滴定速度得当,若直线放液,一次性扣 1 分; 操作不当造成漏液或滴出锥形瓶外,一次性扣 2 分; 终点控制不准(非半滴到达、颜色过深),每出现一次扣 0.5 分,最多扣 2 分; 终点后滴定管尖悬挂液滴或有气泡,一次性扣 1 分; 加入 $Na_2C_2O_4$ 前,没有摇匀,扣 2 分; 读数不正确,每出现一次扣 1 分		
4	原始记录	3	数据未直接填在报告单上,每出现一次扣 1 分; 数据不全、有空项、字迹不工整,请在扣分项打√,每出现一次扣 1 分,可累计扣分		
5	有效数字运算	3	有效数字运算不规范,一次性扣 3 分		
(三)	文明操作	6			
1	实训台面	2	实训过程中台面、地面脏乱,一次性扣 2 分		
2	实训结束清洗仪器、试剂物品归位	2	实训结束未先清洗仪器或试剂物品未归位就完成报告,一次性扣 2 分		
3	仪器损坏	2	仪器损坏,一次性扣 2 分		
(四)	数据处理	38			
1	消耗的高锰酸钾溶液的体积校正	6	从滴定管的校正曲线图查出滴定水样和测定 K 值所消耗的高锰酸钾溶液的体积校正值不正确,每项扣 3 分		
2	高锰酸钾滴定溶液的温度校正	6	查表不正确,扣 2 分; 补正值(两项)计算不正确,每项扣 2 分		

表 1-14(续 2)

序号	考核点	分值	评分标准	扣分	得分
3	K 值及高锰酸盐指数计算	6	K 值计算错误或没有计算,扣 3 分; 高锰酸钾指数计算错误或没有计算,扣 3 分		
4	测定结果精密度	10	必须有 3 次测定结果才能计分。 (极差/平均值)≤3%,不扣分; 3%<(极差/平均值)≤5%,扣 3 分; 5%<(极差/平均值)≤7.5%,扣 7 分; 7.5%<(极差/平均值),扣 10 分		
5	测定结果准确度	10	必须有 3 次测定结果才能计分。 (极差/平均值)>10%,不给分; 保证值±1 s 内,不扣分; 保证值±2 s 内,扣 5 分; 保证值±3 s 内,扣 10 分; 保证值±3 s 外,不得分		
合计					

任务七　总磷的测定

在天然水和废水中,磷几乎都以各种磷酸盐的形式存在,可分为正磷酸盐、缩合磷酸盐和有机磷,它们存在于溶液、腐殖质粒子和水生生物中。水中磷的测定,通常按其存在的形式分别测定总磷、可溶性正磷酸盐和可溶性总磷酸盐,如图 1-2 所示。

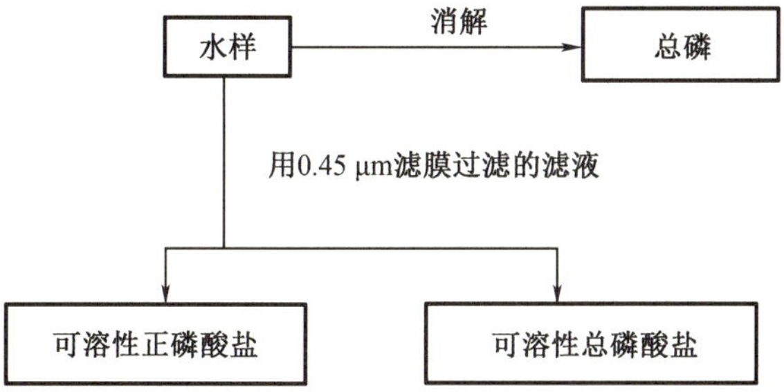

图 1-2　磷测定水样预处理

一、预习思考

(1)预习《水质 总磷的测定 钼酸铵分光光度法》(GB 11893—1989)。

(2)采用钼酸铵分光光度法测定总磷时,主要有哪些干扰?怎样去除?

(3)抗坏血酸溶液易氧化发黄,如何延长溶液的有效使用期?

二、实训目的

(1)掌握分光光度计的使用方法。

(2)掌握压力蒸汽消毒器的使用方法。

(3)掌握钼酸铵分光光度法测定总磷的方法。

(4)学会标准曲线法定量方法。

三、原理

在酸性介质中,正磷酸盐与钼酸铵反应,在锑盐存在下生成磷钼杂多酸,立即被抗坏血酸(Vc)还原,生成蓝色的络合物,通常称磷钼蓝。反应式如下:

$$PO_4^{3-}+3NH_4^++12MoO_4^{2-}+24H^+ \xlongequal{\text{锑盐}} (NH_4)_3PO_4 \cdot 12MoO_3+12H_2O$$

$$(NH_4)_3PO_4 \cdot 12MoO_3+Vc \xlongequal{} \text{磷钼蓝}$$

三、实训准备

(一)样品的采集和保存

测定总磷时,于水样采集后,加硫酸酸化至 pH≤2,在 24 h 内进行分析。测定溶解性正磷酸盐时,水样不加任何保存剂,于 2~5 ℃冷处保存,在 24 h 内进行分析。容器的洗涤方法采用Ⅳ法(HJ 493—2009 规定,铬酸洗液洗 1 次,自来水洗 3 次,蒸馏水洗 1 次)。采样量为 250 mL。因磷酸盐易吸附在塑料瓶壁上,含磷量较少的水样,不要用塑料瓶采样。

(二)实训仪器和试剂

1. 实训仪器

可见分光光度计、压力蒸汽消毒器或民用压力锅(压力在 1.1~1.3 kg/cm^2,相应温度为 120~124 ℃)、50 mL 具塞比色管等。

2. 实训试剂

(1)过硫酸钾溶液(ρ=50 g/L):称取 5.0 g 过硫酸钾,溶于蒸馏水中,稀释至 100 mL。

(2)抗坏血酸溶液(ρ=100 g/L):溶解 10 g 抗坏血酸于水中,并稀释至 100 mL。该溶液储存在棕色玻璃瓶中,在 4 ℃下可保存几周。如颜色变黄,则弃去。

(3)钼酸盐溶液:溶解 13 g 钼酸铵[$(NH_4)_6Mo_7O_{24} \cdot 4H_2O$]于 100 mL 水中。溶解 0.35 g 酒石酸锑氧钾[$K(SbO)C_4H_4O_6 \cdot 1/2H_2O$]于 100 mL 水中。在不断搅拌下把钼酸铵溶液徐徐加到 300 mL(1∶1)硫酸中,加酒石酸锑氧钾溶液并且混合均匀。该溶液储存于棕色试剂瓶中,在 4℃下冷藏,可保存两个月。

(4)磷酸盐储备溶液(c=50.0 μg/mL):称取(0.219 7±0.001) g 于 110 ℃干燥 2 h 放冷的磷酸二氢钾(KH_2PO_4),用水溶解后转移至 1 000 mL 容量瓶中,加 5 mL(1∶1)硫酸用水稀释至标线并混匀。1.00 mL 此标准溶液含磷 50.0 μg,该溶液在玻璃瓶中可储存至少 6 个月。

(5)磷酸盐标准溶液(c=2.0 μg/mL):将 10.00 mL 的磷标准储备液转入 250 mL 容量瓶中,用水稀释至标线并混匀。1.00 mL 此标准溶液含磷 2.0 μg,使用当天配制。

五、实训操作

(一)分析测试

1. 水样预处理

过硫酸钾消解法:吸取 25.00 mL 水样置于具塞刻度管中,加 4.0 mL 过硫酸钾溶液,将塞子盖紧,用一块布和线将玻璃塞扎紧,放入大烧杯中,置于高压蒸气消毒器中加热,待压力达到 1.1 kg/cm^2,相应温度为 120 ℃时,保持 30 min 后停止加热。待压力表读数降至零后,取出放冷,用水稀释至标线。

2. 标准曲线绘制

如图 1-3 所示为总磷的测定程序。

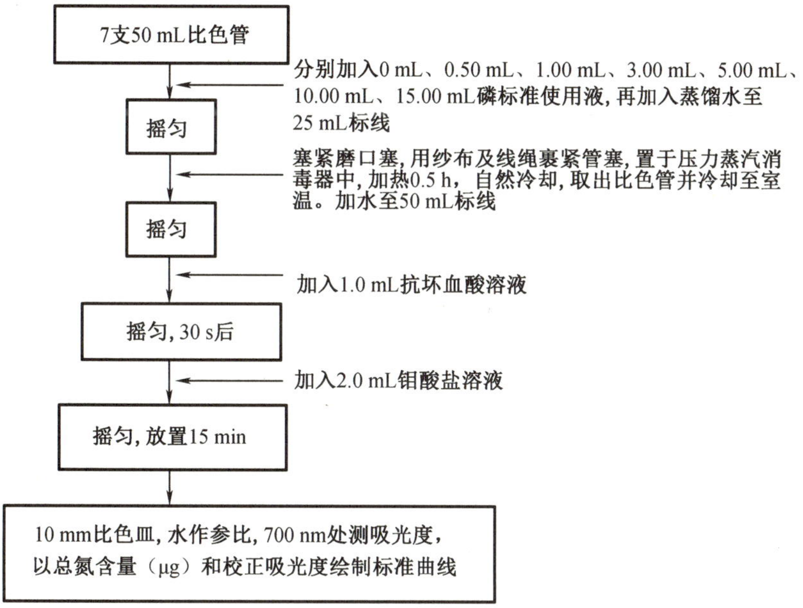

图 1-3　总磷的测定程序

3. 水样测定

取适量消解后的水样于比色管中,用水稀释至标线。按标准曲线的绘制步骤进行显色、测定。

4. 空白测定

以蒸馏水代替水样,与样品一起消解处理。加入与测定水样相同体积的试剂,进行显色、测定。

(二)原始数据记录

认真填写总磷分析(分光光度法)原始数据记录表(表 1-15)。

（三）实训室整理

（1）将分光光度计的拉杆推至非测量挡，合上样品室盖。

（2）将仪器回零，关闭仪器电源开关，拔掉电源插头。

（3）将比色皿、比色管等器皿清洗干净，物归原处。

（4）清理实训台面和地面，保持实训室干净整洁。

（5）检查实训室用水、用电是否处于安全状态。

六、数据处理

水中总磷的浓度，按下式计算：

$$P_{P}=\frac{A_{s}-A_{b}-a}{b\times V}$$

式中 P_{P}——水样中总磷的质量浓度，mg/L；

A_{s}——水样的吸光度；

A_{b}——空白试验的吸光度；

a——标准曲线的截距；

b——标准曲线的斜率；

V——试样的体积，mL。

七、实训报告

按照实训报告的格式要求认真填写。

八、实训总结

（1）该方法适用于地表水、生活污水和工业废水的水质测定。最低检出限为 0.01 mg/L，测定上限为 0.6 mg/L。

（2）配制钼酸铵溶液时，应注意将钼酸铵水溶液徐徐加入硫酸溶液中。如进行相反操作，则可导致显色不充分。

（3）当室温低于 13 ℃时，要在 20~30 ℃水浴中显色 15 min。

（4）所用的玻璃器皿，可用（1∶5）盐酸浸泡 2 h 或用不含磷酸盐的洗涤剂刷洗。

（5）比色皿用后应以稀硝酸或铬酸洗液浸泡片刻，以除去吸附的磷钼蓝有色物。

九、实训考核

实训考核评分标准详见水质总磷测定的操作评分表（表 1-16）。

表 1-15　总磷分析(分光光度法)原始数据记录表

样品种类________　　分析方法________　　分析日期____年____月____日

标准曲线	标准管号		0	1	2	3	4	5	6	7	标准溶液名称及浓度:________
	标液量	mL									标准曲线回归方程及相关系数:________
		μg									
	A										r= ________
	$A-A_0$										方法检出限:________

样品测定	样品编号	取样量/mL	定容体积/mL	样品吸光度	空白吸光度	校正吸光度	样品质量/μg	样品浓度/(mg·L^{-1})	计算公式:

标准化记录	仪器名称	仪器编号	显色温度/℃	显色时间	参比溶液	波长/nm	比色皿/mm	室温/℃	湿度

分析人________　　校对人________　　审核人________

表 1-16　水质总磷测定的操作评分表

班级________　　学号________　　姓名________　　成绩________

考核日期________　　开始时间________　　结束时间________　　考评员________

序号	考核点	分值	评分标准	扣分	得分
(一)	仪器准备	6			
1	玻璃仪器洗涤	2	玻璃仪器洗涤干净后内壁应不挂水珠,否则一次性扣2分		
2	分光光度计预热 20 min	2	仪器未进行预热或预热时间不够,扣1分; 打开盖子预热,不正确扣1分		
3	移液管润洗	2	润洗溶液若超过总体积的1/3,一次性扣0.5分; 润洗后废液应从下口排放,否则一次性扣0.5分; 润洗少于3次,一次性扣1分		

表 1-16(续 1)

序号	考核点	分值	评分标准	扣分	得分
(二)	标准系列的配制	18	标准溶液使用前没有摇匀,扣 2 分; 标准溶液使用前没有稀释,扣 3 分; 移液管插入液面下 1 cm 左右,不正确一次性扣 1 分; 吸空或将溶液吸入吸耳球内,扣 1 分; 一次性吸液不成功,重新吸取的,一次性扣 1 分; 将移液管中过多的储备液放回储备液瓶中,扣 2 分; 每个点取液应从零分度开始,不正确一次性扣 1 分(工作液可放回剩余溶液再取液); 标准曲线取点不少于 6 点,不符合扣 3 分; 只选用一支吸量管移取标液,不符合扣 2 分; 逐滴加入蒸馏水至标线,操作不当扣 1 分; 混合不充分或中间未开塞,扣 1 分		
(三)	标准系列的测定	20			
1	测定前的准备	4	波长选择不正确,扣 2 分; 不能正确调“0”和“100%”,扣 2 分		
2	测定操作	10	没有进行比色皿配套性选择或选择不当,扣 2 分; 手触及比色皿透光面,扣 1 分; 加入溶液高度不正确,扣 1 分; 比色皿外壁溶液处理不正确,扣 1 分; 不正确使用参比溶液,扣 2 分; 比色皿盒拉杆操作不当,扣 1 分; 开关比色皿暗箱盖不当,扣 1 分; 读数不准确或重新取液测定,扣 1 分		
3	测定过程中仪器被溶液污染	2	比色皿放在分光光度计仪器表面,扣 1 分; 比色室被洒落溶液污染或未及时彻底清理干净,扣 1 分		
4	测定后的处理	4	台面不清洁,扣 1 分; 未取出比色皿或未洗涤,扣 1 分; 没有倒尽控干比色皿,扣 1 分; 未关闭仪器电源,扣 0.5 分; 测定结束,未做使用记录,扣 0.5 分		
(四)	水样的测定	10	水样取用量不合适,扣 3 分; 量取水样应使用移液管,不正确扣 2 分; 稀释倍数不正确,致使吸光度超出要求范围或在第一、第二点范围内,扣 5 分		
(五)	数据记录和结果计算	12			

表 1-16(续 2)

序号	考核点	分值	评分标准	扣分	得分
1	原始记录	3	数据未直接填写在报告单上、数据不全、有空项,每项扣 0.5 分,可累计扣分; 原始记录中,缺少计量单位,每出现一次扣 0.5 分; 没有进行仪器使用登记,扣 1 分		
2	结果计算	9	回归方程中 a、b 未保留 4 位有效数字,每项扣 1 分; r 未保留到小数点后 4 位,扣 1 分; 测定结果表述不正确,扣 1 分; 回归方程计算错误或没有算出,扣 5 分		
(六)	文明操作	6			
1	实训台面	2	实训过程中台面、地面脏乱,一次性扣 2 分		
2	实训结束清洗仪器、试剂物品归位	2	实训结束未先清洗仪器或试剂物品未归位就完成报告,一次性扣 2 分		
3	仪器损坏	2	仪器损坏,一次性扣 2 分		
(七)	测定结果	28			
1	校准曲线线性	8	$r \geqslant 0.999\,9$,不扣分; $r = 0.999\,1 \sim 0.999\,8$,扣 1~8 分; $r < 0.999\,0$,不得分		
2	测定结果精密度	10	$\lvert \overline{R_d} \rvert \leqslant 0.5\%$,不扣分; $0.5\% < \lvert \overline{R_d} \rvert \leqslant 0.6\%$,扣 1 分; $0.6\% < \lvert \overline{R_d} \rvert \leqslant 0.7\%$,扣 2 分; $0.7\% < \lvert \overline{R_d} \rvert \leqslant 0.8\%$,扣 3 分,依此类推; $1.3\% < \lvert \overline{R_d} \rvert \leqslant 1.4\%$,扣 9 分; $\lvert \overline{R_d} \rvert > 1.4\%$或测定结果少于 3 个,扣 10 分		
3	测定结果准确度	10	测定结果:测定值在 保证值±0.5%内,不扣分; 保证值±0.6%内,扣 1 分; 保证值±0.7%内,扣 2 分,依此类推; 保证值±1.4%内,扣 9 分; 保证值±1.4%外或测定结果少于 3 个,扣 10 分		
合计					

项目二　工业废水监测

任务一　工业废水监测方案的制定

一、实训目的

监测方案是完成一项监测任务的程序和技术方法的总体设计。通过制定某工业废水环境监测方案，使学生了解工业废水监测方案的制定过程并对水环境监测程序有更深刻的理解。制定监测方案时应明确监测目的，然后在调查研究、收集资料的基础上完成布设监测点位，确定监测因子，合理安排采样时间和采样频次，选定采样方法和分析测定技术，规范处理监测数据，对废水达标情况进行简单评价等。

二、现场调查和资料收集

在制定监测方案之前，应尽可能详细地进行现场调查，完备地收集有关资料，包括：

(1)用水情况、废水或污水的类型等。

(2)污染物及排污去向和排放量等。

(3)车间、工厂或地区排污口数量及位置。

(4)废水处理情况。

(5)废水的去向，如是否排入江河湖海，流经区域是否有渗坑等。

三、采样点的设置

工业废水一般经管道或渠、沟排放，截面积比较小，所以不需要设置监测断面，直接确定采样点位即可。

1. 含第一类污染物的废水采样点位的设置

含第一类污染物(总汞、烷基汞、总镉、总铬、六价铬、总砷、总铅、总镍、苯并[a]芘、总铍、总银、总放射性 α 和总放射性 β)的废水，不分行业和废水排放方式，也不按受纳水体的功能类别，采样点位一律设在车间或车间处理设施的排放口或专门处理此类污染物设施的排放口。

2. 含第二类污染物的废水采样点位的设置

含第二类污染物（悬浮物、挥发酚、硫化物、总铜、总锌等）的废水，采样点位一律设在排污单位的废水外排口。

采样点应设在渠道较直、水量稳定、上游无污水汇入的地方。可在水面下 1/4～1/2 处采样，作为代表平均浓度的采样点。

四、监测因子的确定

工业废水中污染物的种类非常复杂，参照《地表水和污水监测技术规范》（HJ/T 91—2002）来确定监测因子。

五、分析方法的确定

根据污染物含量的范围、测定要求等因素选择合适的分析方法。分析方法按《污水综合排放标准》（GB 8978—1996）和《地表水和污水监测技术规范》（HJ/T 91—2002）以及环境保护部制定的《水和废水监测分析方法（第四版）》进行，尽量采用国家标准分析方法。

六、采样时间和频次的确定

工业废水的污染物含量和排放量常随工艺条件及开工率的不同而有很大差异，故采样时间、周期和频次的选择是一个较复杂的问题。

（1）可在一个生产周期内每隔 0.5 h 或 1 h 采样 1 次，混合后测定污染物的平均值。

（2）取 3～5 个生产周期的废水样品监测，可每隔 2 h 取样 1 次，混合后测定污染物的平均值。

（3）排污复杂、变化大的废水，采样的时间间隔要短，有时要 5～10 min 采样 1 次，或使用连续自动采样设备进行采样，混合后测定污染物的平均值。

（4）水质和水量变化稳定或排放有规律的废水，找出污染物在生产周期内的变化规律，采样频率可降低，如每月采样测定 2 次。

地方环境监测站对污染源的监督性监测每年不少于 1 次，如被国家或地方环境保护行政主管部门列为年度监测的重点排污单位，应增加到每年 2～4 次。企业自我监测工业废水按生产周期和生产特点确定监测频率，一般每个生产日至少 3 次。

七、监测结果分析与评价

水质监测所测得的众多化学、物理以及生物学的监测数据，是描述和评价水环境质量，进行环境管理的基本依据，必须进行科学计算和处理，并按照要求在监测报告中表述出来。

对照《污水综合排放标准》（GB 8978—1996）等相关标准，对工业废水进行分析和评价，判断是否达标排放，推断污染物的来源，提出改善工业废水水质的建议和措施。

八、实训报告

按照工业废水监测方案的制定实训报告(表 2-1)的格式要求认真填写。

表 2-1　工业废水监测方案的制定实训报告

班级		姓名		学号	
实训时间		实训地点		成绩	

批改意见：

教师签字：

实训目的

基础资料的收集

水污染源调查表

污染源名称	用水量/($t\cdot h^{-1}$)	废水排水量/($t\cdot h^{-1}$)	废水类型	排放的主要污染物	废水处理情况	废水总排放口情况	废水排放去向

监测点位的布设

监测点位设置情况表

序号	监测点位名称

表 2-1(续 1)

监测点位平面分布图

监测点位平面分布图

监测因子的确定

监测因子表

必选项目	
选测项目	

分析方法的确定

监测项目的分析方法及检出下限表

序号	监测项目	分析方法	标准代码	检出下限
1				
2				

监测结果统计

水质监测结果统计表

监测项目	标准值	采样点 1#		采样点 2#		采样点 3#	
		质量浓度/(mg·L^{-1})	超标倍数	质量浓度/(mg·L^{-1})	超标倍数	质量浓度/(mg·L^{-1})	超标倍数

表 2-1(续 2)

水质评价及合理化建议	

任务二　氨氮的测定

氨氮(NH_3-N)以游离氨(NH_3)或铵盐($NH4^+$)的形式存在于水中,两者的组成比取决于水的 pH 和水温。当 pH 偏高时,游离氨的比例高;反之,则铵盐的比例高。当水温偏高时,铵盐的比例高;反之,则游离氨的比例高。

水中氨氮的来源主要为生活污水中含氮有机物受微生物作用的分解产物,可存在某些工业废水中,如焦化废水和合成氨化肥厂废水以及农田排水等。此外,在无氧环境中,水中存在的亚硝酸盐也可受微生物作用还原为氨。在有氧环境中,水中氨也可转变为亚硝酸盐,甚至可继续转变为硝酸盐。

测定水中各种形态的含氮化合物,有助于评价水体被污染和“自净”状况。鱼类对水中氨氮比较敏感,当氨氮含量高时会导致鱼类死亡。

一、预习思考

(1)预习《水质 氨氮的测定 纳氏试剂比色法》(HJ 535—2009)。

(2)水样中的余氯会干扰测定吗?如何消除?

(3)纳氏试剂分光光度法测定氨氮,溶液显色的适宜 pH 是多少?高于或低于此范围时有何现象?

二、实训目的

(1)掌握分光光度计的使用方法。

(2)掌握纳氏试剂分光光度法测定氨氮的步骤。

(3)学会标准曲线定量方法。

三、原理

以游离态的氨或铵离子等形式存在的氨氮与纳氏试剂反应生成黄棕色络合物，该络合物的色度与氨氮的含量成正比，可用目视比色或者用分光光度法测定。通常测量波长为415~425 nm。反应式如下：

$$2K_2[HgI_4]+NH_3+3KOH = NH_2Hg_2OI+7KI+2H_2O$$

四、实训准备

（一）样品的采集和保存

选用聚乙烯瓶或玻璃瓶盛装水样。容器的洗涤方法采用Ⅰ法（HJ 493—2009 规定，洗涤剂洗 1 次，自来水洗 3 次，蒸馏水洗 1 次）。采样量为 250 mL，应尽快分析。必要时可加硫酸将水样酸化至 pH<2，于 2~5 ℃下存放，24 h 内分析。

（二）实训仪器和试剂

1. 实训仪器

可见分光光度计、50 mL 具塞比色管等。

2. 实训试剂

（1）无氨水：每升蒸馏水中加 0.1 mL 硫酸，在全玻璃蒸馏器中重蒸馏，弃去 50 mL 初馏液，接取其余馏出液于具塞磨口玻璃瓶中，密塞保存。

（2）纳氏试剂。

①称取 15.0 g KOH，溶于 50 mL 水中，冷却至室温。

②称取 5.0 g KI，溶于 10 mL 水中，在搅拌下，将 2.50 g 氯化汞（$HgCl_2$）粉末分次少量加入碘化钾溶液中，直到溶液呈深黄色或出现微米红色沉淀溶解缓慢时，充分搅拌混合，并改为滴加氯化汞饱和溶液，当出现少量朱红色沉淀不再溶解时，停止滴加。

③在搅拌下，将冷却的 KOH 溶液缓慢加入上述氯化汞和碘化钾的混合液中，加水稀释至 100 mL，混匀，静置过夜，取上清液移入聚乙烯瓶中，密塞保存。

（3）氨氮标准储备液（ρ=1.00 mg/mL）：称取 3.819 g 经 100 ℃干燥过的优级纯氯化铵溶于水中，移入 1 000 mL 容量瓶中，稀释至刻度线。

（4）氨氮标准使用液（ρ=0.010 mg/mL）：吸取 5.00 mL 氨氮标准储备液于 500 mL 容量瓶中，用水稀释至刻度线。

五、实训操作

（一）分析测试

1. 水样预处理

如果水样带色或浑浊以及含其他一些干扰物质，就会影响氨氮的测定。为此，在分析时需作适当的预处理。对较清洁的水，可采用絮凝沉淀法；对污染严重的水或工业废水，则采用蒸馏法消除干扰。

(1)絮凝沉淀法。

取 100 mL 水样于具塞量筒或比色管中，加入 1 mL 10%硫酸锌溶液和 0.1～0.2 mL 25%氢氧化钠溶液，调节 pH 至 10.5 左右，混匀。放置使其沉淀，用经无氨水充分洗涤过的中速滤纸过滤，弃去初馏液 20 mL。

(2)蒸馏法。

蒸馏装置的预处理：加 250 mL 水样于凯氏烧瓶中，加 0.25 g 轻质氧化镁和数粒玻璃珠，加热蒸馏至流出液不含氮为止，弃去瓶内残液。

分取 250 mL 水样(如氨氮含量较高，可分取适量并加水至 250 mL，使氨氮含量不超过 2.5 mg)，移入凯氏烧瓶中，加数滴溴百里酚蓝指示液，用氢氧化钠溶液或盐酸溶液调节至 pH 为 7 左右。加入 0.25 g 轻质氧化镁和数粒玻璃珠，立即连接氮球和冷凝管，导管下端插入吸收液面下(以 50 mL 硼酸溶液为吸收液)。加热蒸馏，至蒸馏液达 200 mL 时，停止蒸馏，定容至 250 mL。

2. 标准曲线绘制

如图 2-1 所示为氨氮的测定程序。

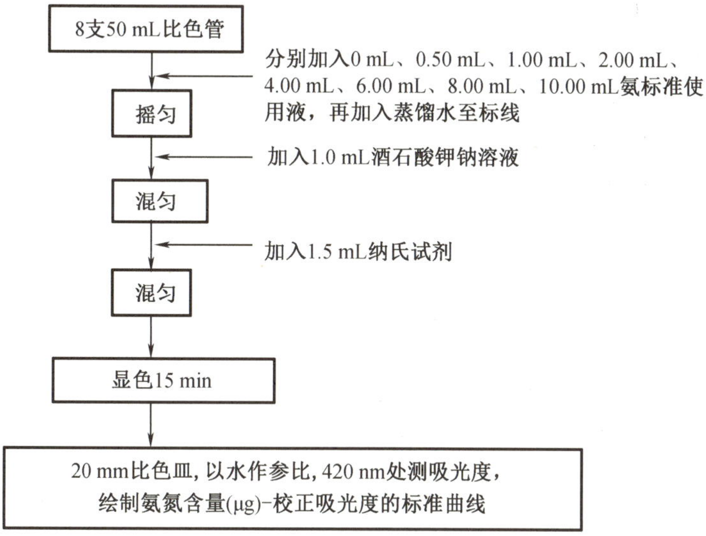

图 2-1　氨氮的测定程序

3. 水样的测定

分取适量经絮凝沉淀预处理后的水样(使氨氮含量不超过 0.1 mg)，加入 50 mL 比色管中，稀释至标线，加入 1.0 mL 酒石酸钾钠溶液。加入 1.5 mL 纳氏试剂，混匀放置 10 min 后，同标准曲线绘制步骤测量吸光度。

分取适量经蒸馏预处理后的馏出液，加入 50 mL 比色管中，加入一定量 1 mol/L 氢氧化钠溶液以中和硼酸，稀释至标线，同标准曲线绘制步骤测量吸光度。

4. 空白测定

以无氨水代替水样，做全程序空白测定。

（二）原始数据记录

认真填写氨氮分析（分光光度法）原始数据记录表（表 2-2）。

（三）实训室整理

（1）将分光光度计的拉杆推至非测量挡，合上样品室盖。

（2）将仪器回零，关闭仪器电源开关，拔掉电源插头。

（3）将比色皿、比色管等器皿清洗干净，物归原处。

（4）清理实训台面和地面，保持实训室干净整洁。

（5）检查实训室用水、用电是否处于安全状态。

六、数据处理

水中氨氮的浓度按下式计算：

$$P_{\mathrm{N}}=\frac{A_{\mathrm{s}}-A_{\mathrm{b}}-a}{b\times V}$$

式中 P_{N}——水样中氨氮的质量浓度，mg/L，以氮计；

A_{s}——水样的吸光度；

A_{b}——空白试验的吸光度；

a——校准曲线的截距；

b——校准曲线的斜率；

V——试样的体积，mL。

七、实训报告

按照实训报告的格式要求认真填写。

八、实训总结

（1）该方法适用于地表水、地下水、工业废水和生活污水的水质测定。最低检出限为 0.025 mg/L，测定上限为 2 mg/L。

（2）滤纸中常含有痕量铵盐，使用时注意用无氨水洗涤。

（3）所用的玻璃器皿应避免被实训室空气中的氨沾污。

（4）配制试剂时应使用无氨水。

九、实训考核

实训考核评分标准详见水质氨氮测定的操作评分表（表 2-3）。

表 2-2　氨氮分析(分光光度法)原始数据记录表

样品种类________　　分析方法________　　分析日期____年____月____日

<table>
<tr><td rowspan="5">标准曲线</td><td colspan="2">标准管号</td><td>0</td><td>1</td><td>2</td><td>3</td><td>4</td><td>5</td><td>6</td><td rowspan="5">标准溶液名称及浓度:______
______
标准曲线回归方程及相关系数:______
$r=$______
方法检出限:______</td></tr>
<tr><td rowspan="2">标液量</td><td>mL</td><td></td><td></td><td></td><td></td><td></td><td></td><td></td></tr>
<tr><td>μg</td><td></td><td></td><td></td><td></td><td></td><td></td><td></td></tr>
<tr><td colspan="2">A</td><td></td><td></td><td></td><td></td><td></td><td></td><td></td></tr>
<tr><td colspan="2">$A-A_0$</td><td></td><td></td><td></td><td></td><td></td><td></td><td></td></tr>
</table>

<table>
<tr><td rowspan="5">样品测定</td><td>样品编号</td><td>取样量/mL</td><td>定容体积/mL</td><td>样品吸光度</td><td>空白吸光度</td><td>校正吸光度</td><td>回归方程计算结果/μg</td><td>样品质量浓度/(mg·L^{-1})</td><td rowspan="5">计算公式:</td></tr>
<tr><td></td><td></td><td></td><td></td><td></td><td></td><td></td><td></td></tr>
<tr><td></td><td></td><td></td><td></td><td></td><td></td><td></td><td></td></tr>
<tr><td></td><td></td><td></td><td></td><td></td><td></td><td></td><td></td></tr>
<tr><td></td><td></td><td></td><td></td><td></td><td></td><td></td><td></td></tr>
</table>

<table>
<tr><td rowspan="2">标准化记录</td><td>仪器名称</td><td>仪器编号</td><td>显色温度/℃</td><td>显色时间</td><td>参比溶液</td><td>波长/nm</td><td>比色皿/mm</td><td>室温/℃</td><td>湿度</td></tr>
<tr><td></td><td></td><td></td><td></td><td></td><td></td><td></td><td></td><td></td></tr>
</table>

分析人________　　校对人________　　审核人________

表 2-3　水质氨氮测定的操作评分表

班级________　　学号________　　姓名________　　成绩________

考核日期________　　开始时间________　　结束时间________　　考评员________

序号	考核点	分值	评分标准	扣分	得分
(一)	仪器准备	6			
1	玻璃仪器洗涤	2	玻璃仪器洗涤干净后内壁应不挂水珠,否则一次性扣2分		
2	分光光度计预热 20 min	2	仪器未进行预热或预热时间不够,扣 1 分; 打开盖子预热,不正确扣 1 分		
3	移液管润洗	2	润洗溶液若超过总体积的 1/3,一次性扣 0.5 分; 润洗后废液应从下口排放,否则一次性扣 0.5 分; 润洗少于 3 次,一次性扣 1 分		

表 2-3(续 1)

序号	考核点	分值	评分标准	扣分	得分
(二)	标准系列的配制	18	标准溶液使用前没有摇匀,扣 2 分; 标准溶液使用前没有稀释,扣 3 分; 移液管插入液面下 1 cm 左右,不正确一次性扣 1 分; 吸空或将溶液吸入吸耳球内,扣 1 分; 一次性吸液不成功,重新吸取的,一次性扣 1 分; 将移液管中过多的储备液放回储备液瓶中,扣 2 分; 每个点取液应从零分度开始,不正确一次性扣 1 分(工作液可放回剩余溶液再取液); 标准曲线取点不少于 6 点,不符合扣 3 分; 只选用 1 支吸量管移取标液,不符合扣 2 分; 逐滴加入蒸馏水至标线,操作不当扣 1 分; 混合不充分或中间未开塞,扣 1 分		
(三)	标准系列的测定	20			
1	测定前的准备	4	波长选择不正确,扣 2 分; 不能正确调“0”和“100%”,扣 2 分		
2	测定操作	10	没有进行比色皿配套性选择或选择不当,扣 2 分; 手触及比色皿透光面,扣 1 分; 加入溶液高度不正确,扣 1 分; 比色皿外壁溶液处理不正确,扣 1 分; 不正确使用参比溶液,扣 2 分; 比色皿盒拉杆操作不当,扣 1 分; 开关比色皿暗箱盖不当,扣 1 分; 读数不准确或重新取液测定,扣 1 分		
3	测定过程中仪器被溶液污染	2	比色皿放在分光光度计仪器表面,扣 1 分; 比色室被洒落溶液污染或未及时彻底清理干净,扣 1 分		
4	测定后的处理	4	台面不清洁,扣 1 分; 未取出比色皿或未洗涤,扣 1 分; 没有倒尽控干比色皿,扣 1 分; 未关闭仪器电源,扣 0.5 分; 测定结束,未做使用记录,扣 0.5 分		
(四)	水样的测定	10	水样取用量不合适,扣 3 分; 量取水样应使用移液管,不正确扣 2 分; 稀释倍数不正确,致使吸光度超出要求范围或在第一、第二点范围内,扣 5 分		
(五)	数据记录和结果计算	12			

表 2-3(续 2)

序号	考核点	分值	评分标准	扣分	得分
1	原始记录	3	数据未直接填写在报告单上、数据不全、有空项，每项扣 0.5 分，可累计扣分； 原始记录中，缺少计量单位，每出现一次扣 0.5 分； 没有进行仪器使用登记，扣 1 分		
2	结果计算	9	回归方程中 a、b 未保留 4 位有效数字，每项扣 1 分； r 未保留到小数点后 4 位，扣 1 分； 测定结果表述不正确，扣 1 分； 回归方程计算错误或没有算出，扣 5 分		
(六)	文明操作	6			
1	实训台面	2	实训过程中台面、地面脏乱，一次性扣 2 分		
2	实训结束清洗仪器、试剂物品归位	2	实训结束未先清洗仪器或试剂物品未归位就完成报告，一次性扣 2 分		
3	仪器损坏	2	仪器损坏，一次性扣 2 分		
(七)	测定结果	28			
1	校准曲线线性	8	$r \geq 0.9999$，不扣分； $r = 0.9991 \sim 0.9998$，扣 1~8 分； $r < 0.9990$，不得分		
2	测定结果精密度	10	$\lvert \overline{R_d} \rvert \leq 0.5\%$，不扣分； $0.5\% < \lvert \overline{R_d} \rvert \leq 0.6\%$，扣 1 分； $0.6\% < \lvert \overline{R_d} \rvert \leq 0.7\%$，扣 2 分； $0.7\% < \lvert \overline{R_d} \rvert \leq 0.8\%$，扣 3 分，依此类推； $1.3\% < \lvert \overline{R_d} \rvert \leq 1.4\%$，扣 9 分； $\lvert \overline{R_d} \rvert > 1.4\%$或测定结果少于 3 个，扣 10 分		
3	测定结果准确度	10	测定结果：测定值在 保证值±0.5%内，不扣分； 保证值±0.6%内，扣 1 分； 保证值±0.7%内，扣 2 分，依此类推； 保证值±1.4%内，扣 9 分； 保证值±1.4%外或测定结果少于 3 个，扣 10 分		
合计					

任务三　铅的测定

铅是可以在人体和动植物组织中蓄积的有毒金属。铅及其化合物主要损害的是人体中枢神经系统,还可以降低人体红细胞的输氧能力。铅被人体摄入后,有90%以上储存于骨骼中,其余分布于肌肉组织、神经和肾脏中。急性铅中毒有便秘、腹绞痛、贫血等症状。长期接触低浓度的铅会对人体消化系统造成障碍,损伤肺中的吞噬细胞,使人体对病原体的抵抗力明显下降。此外,严重的铅污染还会降低儿童智力。

铅的冶炼、熔化、加工、铸造等工业,以蓄电池制造业为主。另外,铅包电线、铅管板、软焊条、颜料、涂料、化学试剂、药品以及化妆品等含铅物品也都被广泛应用,由此引起的铅污染是不容忽视的。

一、预习思考

(1)预习《水质 铜、锌、铅、镉的测定 原子吸收分光光度法》(GB 7475—1987)。

(2)在原子吸收分析中为什么要使用空心阴极灯光源?

(3)在原子吸收光度计中为什么不采用连续光源(如钨丝灯或氘灯),而在分光光度计中则需要采用连续光源?

二、实训目的

(1)掌握原子吸收分光光度计的使用方法。

(2)掌握原子吸收分光光度法(直接法)测定铅的方法。

(3)学会标准曲线定量方法。

三、原理

样品经适当处理后,导入火焰原子化器,经原子化后,待测元素的基态原子吸收来自空心阴极灯发射的特征谱线,其吸光度与待测元素的浓度成正比,最后用标准曲线法进行定量。

四、实训准备

(一)样品的采集和保存

将水样采集到聚乙烯瓶或硬质玻璃瓶中,采样量为250 mL。样品采集后加入硝酸保存(加入量为1%,如果水样为中性,1 L水样中加浓硝酸10 mL),可以保存14 d。

容器的洗涤方法采用Ⅲ法(HJ 493—2009规定,洗涤剂洗1次,自来水洗2次,(1∶3)硝酸荡洗1次,自来水洗3次,去离子水洗1次)。

（二）实训仪器和试剂

1. 实训仪器

原子吸收分光光度计、铅空心阴极灯、50 mL 容量瓶等。

2. 实训试剂

（1）铅标准储备液 ρ=1.000 0 mg/mL：取 0.500 0 g 金属铅（99.9%）置于 100 mL 烧杯中，加（1∶1）硝酸 20 mL 使其完全溶解，冷却后再加（1∶1）硝酸 20 mL，混匀，转移到 500 mL 容量瓶中，用去离子水定容，摇匀后储于塑料瓶中。

（2）铅标准使用液 ρ=0.100 0 mg/mL：取 10.00 mL 铅标准储备液，用 0.2%硝酸溶液定容至 100 mL。

五、实训操作

实验　铅的测定

（一）分析测试

1. 水样预处理

取 100 mL 水样放入 200 mL 烧瓶中，加入硝酸 5 mL，在电热板上加热消解（不要沸腾）。蒸至 10 mL 左右，加入 5 mL 硝酸和 2 mL 高氯酸，继续消解，直至 1 mL 左右。如果消解不完全，可再加入 5 mL 硝酸和 2 mL 高氯酸，继续消解，直至 1 mL 左右。取下冷却，加水溶解残渣，通过中速滤纸（预先用酸洗）滤入 100 mL 容量瓶中，用水稀释至标线（空白样也要按上述相同的程序操作）。

2. 标准曲线绘制

吸取铅标准使用液 0 mL、0.50 mL、1.00 mL、3.00 mL、5.00 mL、10.00 mL，分别放入 6 个 100 mL 容量瓶中，用 0.2%硝酸溶液稀释定容。选择波长 283.3 nm 铅分析线，调节空气–乙炔火焰。仪器用 0.2%硝酸溶液调零，从低浓度到高浓度的顺序依次进样，测定其吸光度。以经校正后的吸光度为纵坐标，以铅含量（μg）为横坐标，用 Excel 线性回归得到标准曲线回归方程。

3. 样品测定

取一定体积水样置于 100 mL 容量瓶中，用 0.2%硝酸溶液定容。按样品测定步骤测量吸光度，扣除空白吸光度后，用校准曲线方程计算试样中铅的浓度（或仪器可以直读出试样中铅的浓度）。如水样成分复杂则进行预处理。

4. 空白测定

于容量瓶中加入 100 mL 0.2%硝酸溶液，按与样品测定相同的步骤进行全程序空白试验。

（二）原始数据记录

认真填写铅的分析（原子吸收分光光度法）原始数据记录表（表 2–4）。

（三）实训室整理

（1）工作结束后熄灭火焰，应先关闭乙炔钢瓶主阀，待火焰自行熄灭后，放开乙炔电磁阀按钮(红色灯灭)即可。然后依次关闭空压机和排风。

(2)全部实训结束后,退出工作软件,关闭计算机电源,填写仪器使用记录。

(3)将容量瓶等器皿清洗干净,物归原处。

(4)清理实训台面和地面,保持实训室干净整洁。

(5)检查实训室用水、用电、用气是否处于安全状态。

六、数据处理

水样中铅的浓度按下式计算:

$$P_b = \frac{A - A_0 - a}{b \times V}$$

式中 P_b——水样中铅的质量浓度,mg/L;

A——水样的吸光度;

A_0——空白试验的吸光度;

a——校准曲线的截距;

b——校准曲线的斜率;

V——试样的体积,mL。

七、实训报告

按照实训报告的格式要求认真填写。

八、实训总结

(1)直接吸入火焰原子吸收法适用于工业废水和受污染的水中铅的测定,适用质量浓度范围为0.2~10 mg/L。萃取火焰原子吸收法适用于清洁水和地表水中铅的测定,适用质量浓度范围为10~200 μg/L。

(2)点火时,先输入空气,再打开乙炔钢瓶压力阀。工作结束时,先关闭乙炔钢瓶压力阀,再关闭空压机。

(3)总铅是指未经过滤的水样,但经强烈消解后测定的铅或样品中溶解和悬浮的两部分铅的总和。溶解的铅是指未酸化的样品中能通过0.45 μm 滤膜的部分。

(4)分析时均使用符合国家标准的分析纯化学试剂,实验用水为新制备的去离子水。

九、实训考核

实训考核评分标准详见水质铅测定的操作评分表(表2-5)。

表 2-4　铅的分析(原子吸收分光光度法)原始数据记录表

样品种类________　　分析方法________　　分析日期____年____月____日

<table>
<tr><td rowspan="5">标准曲线</td><td colspan="2">标准管号</td><td>0</td><td>1</td><td>2</td><td>3</td><td>4</td><td>5</td><td>6</td><td rowspan="5">标准溶液名称及浓度:______
______
标准曲线回归方程及相关系数:______
r=______
方法检出限:______</td></tr>
<tr><td rowspan="2">标液量</td><td>mL</td><td></td><td></td><td></td><td></td><td></td><td></td><td></td></tr>
<tr><td>μg</td><td></td><td></td><td></td><td></td><td></td><td></td><td></td></tr>
<tr><td colspan="2">A</td><td></td><td></td><td></td><td></td><td></td><td></td><td></td></tr>
<tr><td colspan="2">$A-A_0$</td><td></td><td></td><td></td><td></td><td></td><td></td><td></td></tr>
</table>

<table>
<tr><td rowspan="4">样品测定</td><td>样品编号</td><td>取样量/mL</td><td>定容体积/mL</td><td>样品吸光度</td><td>空白吸光度</td><td>校正吸光度</td><td>回归方程计算结果/μg</td><td>样品质量浓度/(mg·L^{-1})</td><td rowspan="4">计算公式:</td></tr>
<tr><td></td><td></td><td></td><td></td><td></td><td></td><td></td><td></td></tr>
<tr><td></td><td></td><td></td><td></td><td></td><td></td><td></td><td></td></tr>
<tr><td></td><td></td><td></td><td></td><td></td><td></td><td></td><td></td></tr>
</table>

<table>
<tr><td rowspan="2">标准化记录</td><td>仪器名称</td><td>仪器编号</td><td>显色温度/℃</td><td>显色时间</td><td>参比溶液</td><td>波长/nm</td><td>比色皿/mm</td><td>室温/℃</td><td>湿度</td></tr>
<tr><td></td><td></td><td></td><td></td><td></td><td></td><td></td><td></td><td></td></tr>
</table>

分析人________　　校对人________　　审核人________

表 2-5　水质铅测定的操作评分表

班级________　　学号________　　姓名________　　成绩________

考核日期________　　开始时间________　　结束时间________　　考评员________

序号	考核点	分值	评分标准	扣分	得分
(一)	仪器准备	4			
1	玻璃仪器洗涤	2	玻璃仪器洗涤干净后内壁应不挂水珠,否则一次性扣2分		
2	原子吸收分光光度计预热	2	仪器未进行预热或预热时间不够,扣2分		
(二)	标准系列的配制	16			
1	标准系列的配制	6	每个点取液应从零分度开始,出现不正确项一次扣0.5分,但不超过该项总分4分(工作液可放回剩余溶液中再取液,辅助试剂可在移液管吸干后从原试剂中取液);只选用1支吸量管移取标液,不符合扣1分		

表 2-5(续 1)

序号	考核点	分值	评分标准	扣分	得分
2	溶液配制过程中的有关操作	10	标准液或其他溶液使用前未摇匀,扣 1 分; 移液管未润洗或润洗方法不正确,扣 1 分; 移液管插入溶液前或调节液面前未处理管尖溶液,扣 1 分; 移液管管尖触底,扣 1 分; 移液出现吸空现象,扣 1 分; 移液管放液不规范,扣 1 分; 洗瓶管尖接触容器,扣 1 分; 容量瓶加水至近标线未等待,扣 1 分; 容量瓶未充分混匀或中间未开塞,扣 1 分; 持瓶方式不正确,扣 1 分		
(三)	原子吸收分光光度计的使用	36			
1	测定前的准备	18	开机顺序不正确,扣 2 分; 空心阴极灯的选择不正确,扣 2 分; 分析线波长的选择不正确,扣 2 分; 灯电流的选择不符合要求,扣 2 分; 空气流量的选择不正确,扣 2 分; 乙炔流量的选择不正确,扣 2 分; 狭缝宽度的选择不正确,扣 2 分; 燃烧器高度的选择不正确,扣 2 分; 燃助比的选择不正确,扣 2 分		
2	测定操作	10	试样的移取不正确,扣 3 分; 没有用去离子水调节吸光度,扣 3 分; 吸光度的读数不正确,扣 4 分		
3	测定后的处理	8	测定完毕后没有用去离子水喷雾,扣 2 分; 测定后玻璃器皿没有清洗或没有清洗干净,扣 2 分; 测定完毕后关机的顺序不正确,扣 2 分; 未关闭仪器电源,扣 2 分		
(四)	数据记录和结果计算	36			
1	标准曲线取点	1	取点不少于 7 个(含试剂空白),不符合扣 1 分		
2	标准曲线的绘制	4	绘制方法错误,扣 0.5 分; 坐标比例不当,扣 0.5 分; 坐标有效数字不对,扣 0.5 分; 缺少曲线名称、坐标、单位、回归方程、相关系数,每项扣 0.5 分(请在扣分项上打√)		

表 2-5(续 2)

序号	考核点	分值	评分标准	扣分	得分
3	原始记录	4	数据未直接填在报告单上、数据不全、有空项,每项扣 1 分,可累计扣分; 原始记录中,缺少计量单位或计量单位错误,扣 1 分; 没有进行仪器使用登记,扣 2 分		
4	回归方程的计算	6	没有算出回归方程或计算错误,扣 3 分; 相关系数的有效数字不规范,扣 1 分; 回归方程的斜率和截距未保留 4 位有效数字,每项扣 1 分		
5	标准曲线线性	10	$r \geq 0.9999$,不扣分; $r = 0.9991 \sim 0.9998$, 扣 1~8 分; $r < 0.999$,不得分		
6	测定结果	11	有效数字不正确,扣 1 分; 结果计算错误,扣 5 分; 平行测定的相对标准偏差超出要求,扣 5 分		
(五)	文明操作	8			
1	实训台面	4	实训过程中台面、地面脏乱,一次性扣 2 分; 实训后台面未清理,扣 2 分		
2	实训结束清洗仪器、试剂物品归位	2	实训结束未先清洗仪器或试剂物品未归位,扣 2 分		
3	仪器损坏	2	仪器损坏,一次性扣 2 分		
合计					

任务四 化学需氧量的测定

化学需氧量(COD)是指在一定条件下,用强氧化剂重铬酸钾处理水样时所消耗氧化剂的量,以氧的质量浓度(单位 mg/L)来表示。

化学需氧量反映了水中受还原性物质污染的程度,水中还原性物质包括有机物、亚硝酸盐、亚铁盐、硫化物等。化学需氧量是有机物相对含量的指标之一,但只反映能被氧化的有机污染,不能反映多环芳烃、多氯联苯(PCB)、二噁英类等的污染状况。

一、预习思考

(1)预习《水质 化学需氧量的测定 重铬酸盐法》(GB 11914—1989)。

(2)测定化学需氧量时,在回流过程中如溶液颜色变绿,说明什么问题?应如何处理?

(3)测定化学需氧量时所使用的催化剂为何种物质?水样中的氯离子应如何消除?

二、实训目的

(1)熟悉回流装置的安装操作。

(2)掌握重铬酸钾法测定化学需氧量的方法。

三、原理

在强酸性溶液中,用一定量的重铬酸钾氧化水样中还原性物质,过量的重铬酸钾以试亚铁灵作指示剂,用硫酸亚铁铵溶液回滴。根据硫酸亚铁铵的用量计算出水样中还原性物质消耗氧的量。反应式如下:

$$3C+2Cr_2O_7^{2-}+16H^+ = 4Cr^3+3CO_2\uparrow+8H_2O$$

$$6Fe^{2+}+Cr_2O_7^{2-}+14H^+ = 6Fe^{3+}+2Cr^{3+}+7H_2O$$

四、实训准备

(一)样品的采集和保存

水样采集在玻璃瓶内,应尽快分析。不能及时分析时可加硫酸将水样酸化至 pH<2,于 4 ℃下存放,5 d 内分析。采样量为 500 mL。

容器的洗涤方法采用Ⅰ法(HJ 493—2009 规定,洗涤剂洗 1 次, 自来水洗 3 次,蒸馏水洗 1 次)。

(二)实训仪器和试剂

1. 实训仪器

500 mL 全玻璃回流装置、加热装置(电炉)、酸式滴定管。

2. 实训试剂

(1)重铬酸钾标准溶液[$c(1/6K_2Cr_2O_7)=0.250\ 0$ mol/L]:称取预先在 120 ℃烘干 2 h 的基准或优质纯重铬酸钾 12.258 g 溶于水中,移入 1 000 mL 容量瓶,稀释至标线,摇匀。

(2)试亚铁灵指示液:称取 1.485 g 邻菲啰啉($C_{12}H_8N_2\cdot H_2O$)和 0.695 g 硫酸亚铁($FeSO_4\cdot 7H_2O$)溶于水中,稀释至 100 mL,储于棕色瓶中。

(3)硫酸亚铁铵标准溶液[$c(NH_4)_2Fe(SO_4)_2\cdot 6H_2O\approx 0.1$ mol/L]:称取 39.5 g 硫酸亚铁铵溶于水中,边搅拌边缓慢加入 20 mL 浓硫酸,冷却后移入 1 000 mL 容量瓶中,加水稀释至标线,摇匀。临用前,用重铬酸钾标准溶液标定。

(4)硫酸-硫酸银溶液:称取 5 g 硫酸银加入 500 mL 浓硫酸中,放置 1~2 d,不时摇动使其溶解。

五、实训操作

实验　化学需氧量的测定

(一)分析测试

1. 硫酸亚铁铵溶液标定

准确吸取 10.00 mL 重铬酸钾标准溶液于 500 mL 锥形瓶中,加水稀释至 110 mL 左右,缓慢加入 30 mL 浓硫酸,摇匀。冷却后,加入 3 滴试亚铁灵指示液,用硫酸亚铁铵标准溶液滴定,溶液的颜色由黄色经蓝绿色至红褐色即为终点。记录硫酸亚铁铵标准溶液的用量。硫酸亚铁铵标准溶液的浓度按下式计算:

$$c=(0.2500\times10.00)/V$$

式中　c——硫酸亚铁铵标准溶液的浓度,mol/L;

　　V——硫酸亚铁铵标准溶液的用量,mL。

需要平行标定 3 份,求出硫酸亚铁铵溶液浓度的算术平均值。

2. 样品测定

如图 2-2 所示为化学需氧量的测定程序。

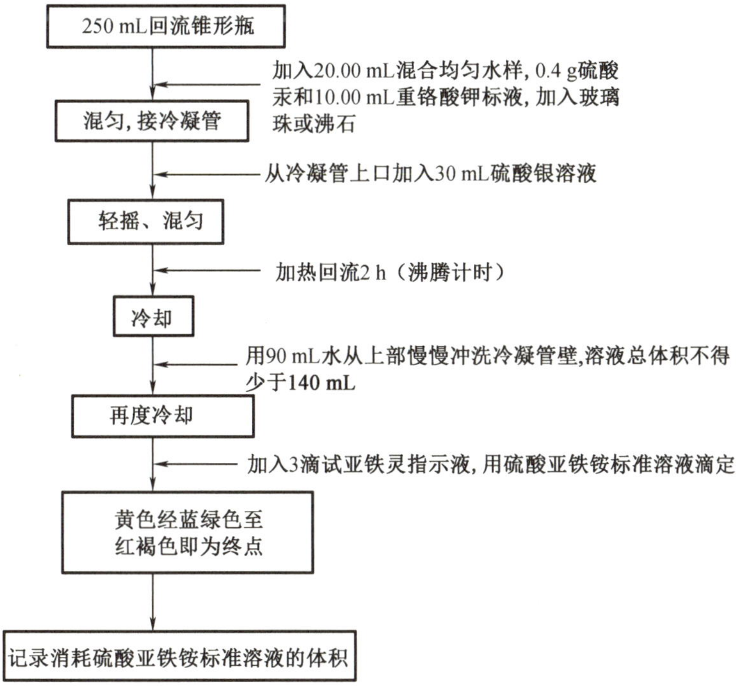

图 2-2　化学需氧量的测定程序

3. 空白测定

测定水样的同时,取 20.00 mL 重蒸馏水,按同样分析测试过程做空白测定。记录滴定空白时硫酸亚铁铵标准溶液的用量 V_0。

（二）原始数据记录

认真填写化学需氧量分析原始数据记录表（表 2-6）。

（三）实训室整理

（1）关闭回流装置的电源开关，拔掉电源插头。

（2）将滴定管等器皿清洗干净，物归原处。

（3）清理实训台面和地面，保持实训室干净整洁。

（4）检查实训室用水、用电是否处于安全状态。

六、数据处理

化学需氧量按下式计算：

$$COD(O_2,mg/L)=\frac{(V_0-V_1)\times c\times 8\times 1\,000}{V}$$

式中 c——硫酸亚铁铵标准溶液的浓度，mol/L；

V_0——滴定空白时硫酸亚铁铵标准溶液的用量，mL；

V_1——滴定水样时硫酸亚铁铵标准溶液的用量，mL；

V——原始水样的体积，mL；

8——1/2 氧的摩尔质量，g/mol。

七、实训报告

按照实训报告的格式要求认真填写。

八、实训总结

（1）该方法适用于各种类型的化学需氧量大于 30 mg/L 的水样，测定上限为 700 mg/L。

（2）使用 0.4 g 硫酸汞络合氯离子的最高量可达 40 mg，如取用 20.00 mL 水样，即最高可络合 2 000 mg/L 氯离子浓度的水样。若氯离子的浓度较低，也可少加硫酸汞，使硫酸汞：氯离子 = 10:1（质量分数）。

（3）水样取用体积可为 10.00~50.00 mL，试剂用量及浓度按表 2-7 进行相应调整，可得到满意的结果。

表 2-7 水样取用量和试剂用量

水样体积/mL	0.250 0 mol/L $K_2Cr_2O_7$/mL	H_2SO_4-Ag_2SO_4 溶液/mL	$HgSO_4$/g	$[(NH_4)_2Fe(SO_4)_2]$/(mol·L^{-1})	滴定前总体积/mL
10.00	5.0	15	0.2	0.050	70
20.00	10.0	30	0.4	0.100	140
30.00	15.0	45	0.6	0.150	210
40.00	20.0	60	0.8	0.200	280
50.00	25.0	75	1.0	0.250	350

(4)对于化学需氧量小于 50 mg/L 的水样，应改用 0.025 00 mol/L 重铬酸钾标准溶液。回滴时用 0.01 mol/L 硫酸亚铁铵标准溶液。

(5)水样加热回流后，溶液中重铬酸钾剩余量应以加入量的 1/5～4/5 为宜。

(6)用邻苯二甲酸氢钾标准溶液检查试剂的质量和操作技术时，由于每克邻苯二甲酸氢钾的理论 COD 为 1.176 g，所以将 0.425 1 g 邻苯二甲酸氢钾用重蒸馏水溶解于 1 000 mL 容量瓶中，稀释至标线，使之成为 500 mg/L 的 COD 标准溶液。用时现配。

(7)每次实训时，应对硫酸亚铁铵标准溶液进行标定，室温较高时尤其应注意其浓度的变化。

九、实训考核

实训考核评分标准详见化学需氧量测定的操作评分表(表 2-8)。

表 2-6　化学需氧量分析原始数据记录表

样品种类________　　分析方法________　　分析日期____年____月____日

<table>
<tr><td rowspan="4">硫酸亚铁铵溶液的标定</td><td>次数</td><td colspan="3">硫酸亚铁铵溶液的用量/mL</td><td>硫酸亚铁铵溶液的浓度/(mol·L⁻¹)</td><td>硫酸亚铁铵溶液的浓度均值/(mol·L⁻¹)</td></tr>
<tr><td>1</td><td colspan="3"></td><td></td><td rowspan="3"></td></tr>
<tr><td>2</td><td colspan="3"></td><td></td></tr>
<tr><td>3</td><td colspan="3"></td><td></td></tr>
<tr><td rowspan="4">样品的测定</td><td>样品编号</td><td>取样量/mL</td><td>稀释倍数</td><td>测定空白消耗的硫酸亚铁铵溶液的用量/mL</td><td>测定水样消耗的硫酸亚铁铵溶液的用量/mL</td><td>样品浓度/(mg·L⁻¹)</td></tr>
<tr><td></td><td></td><td></td><td></td><td></td><td></td></tr>
<tr><td></td><td></td><td></td><td></td><td></td><td></td></tr>
<tr><td></td><td></td><td></td><td></td><td></td><td></td></tr>
<tr><td rowspan="2">标准化记录</td><td>1/6 重铬酸钾溶液浓度/(mg·L⁻¹)</td><td>硫酸亚铁铵溶液标定时间</td><td>硫酸亚铁铵溶液浓度计算公式</td><td>温度/℃</td><td>湿度</td><td>COD 计算公式</td></tr>
<tr><td></td><td></td><td></td><td></td><td></td><td></td></tr>
</table>

分析人________　　校对人________　　审核人________

表 2-8　化学需氧量测定的操作评分表

班级________　学号________　姓名________　成绩________

考核日期________　开始时间________　结束时间________　考评员________

序号	考核点	分值	评分标准	扣分	得分
(一)	1/6 重铬酸钾标准溶液的配置	20			
1	称量前准备	2	未检查天平水平,扣 0.5 分; 未调零点,扣 0.5 分; 托盘未清扫,扣 1 分		
2	天平称量操作	8	干燥器盖子放置不正确,扣 0.5 分; 用烘干的烧杯或称量瓶称量,不正确扣 0.5 分; 手直接触及被称物容器或被称物容器放在台面上,扣 0.5 分; 称量瓶放置不当,扣 1 分; 倾出试样不合要求,扣 0.5 分; 称量的量不正确,扣 2 分; 试样撒落,扣 2 分; 读数及记录不正确,扣 1 分		
3	称量后处理	2	天平未归零,扣 0.5 分; 天平内外不清洁,扣 0.5 分; 未检查零点,扣 0.5 分; 未做使用记录,扣 0.5 分		
4	定容操作	8	没有进行容量瓶试漏检查,扣 2 分; 加水至容量瓶约 3/4 体积时没有平摇,扣 2 分; 加水至近标线约 1 cm 处等待 1 min,没有等待扣 1 分; 逐滴加入蒸馏水至标线操作不当,扣 1 分; 未充分混匀或中间未开塞,扣 1 分; 持瓶方式不正确,扣 1 分		
(二)	硫酸亚铁铵溶液的标定	22			
1	玻璃仪器洗涤	2	玻璃仪器洗涤干净后内壁应不挂水珠,否则一次性扣 2 分		
2	移液管润洗	3	润洗溶液若超过总体积的 1/3,一次性扣 0.5 分; 润洗后废液应从下口排放，否则一次性扣 0.5 分; 润洗少于 3 次,一次性扣 2 分		

表 2-8(续 1)

序号	考核点	分值	评分标准	扣分	得分
3	移取、放出溶液	7	移液时,移液管插入液面下 1~2 cm,插入过深,一次性扣 1 分; 吸空或将溶液吸入吸耳球内,一次性扣 2 分; 移液时,移液管不竖直,一次性扣 1 分; 放液时锥形瓶未倾斜 30°~45°,一次性扣 1 分; 管尖未靠壁,一次性扣 1 分; 溶液流完后未停靠 15 s,一 次性扣 1 分		
4	滴定操作	10	滴定管未进行试漏或时间不足 1~2 min(总时间),扣 1 分; 润洗方法不正确,扣 1 分; 气泡未排除或排除方法不正确,扣 1 分; 滴定前管尖残液未除去,每出现一次扣 0.5 分,可累计扣分; 未双手配合或控制旋塞不正确,扣 0.5 分; 操作不当造成漏液,扣 1 分; 终点控制不准(非半滴到达、颜色不正确),每出现一次扣 0.5 分,可累计扣分; 读数不正确,每出现一次扣 0.5 分; 原始数据未及时记录在报告单上,每出现一次扣 1 分		
(三)	样品的测定	16			
1	取试样	3	取试样的器皿选择不正确,扣 2 分; 加入重铬酸钾 10.00 mL 不正确,扣 1 分		
2	回流过程	3	加入玻璃珠或沸石,不正确扣 0.5 分; 冷凝管装置安装,不正确扣 1 分; 加入 30.0 mL 硫酸-硫酸银,不正确扣 0.5 分; 加热回流 2 h,不正确扣 1 分		
3	滴定操作	10	冷却后,用 90 mL 水冲洗冷凝管壁,不正确扣 1 分; 滴定前管尖残液未除去,每出现一次扣 0.5 分; 未双手配合或控制旋塞不正确,扣 0.5 分; 操作不当造成漏液,扣 2 分; 终点控制不准(非半滴到达、颜色不正确),每出现一次扣 1 分; 读数不正确,每出现一次扣 0.5 分; 原始数据未及时记录在报告单上,每出现一次扣 1 分		

表 2-8(续 2)

序号	考核点	分值	评分标准	扣分	得分
(四)	原始记录和有效数字运算	6	数据记录不正确(有效数字、单位),每出现一次扣 1 分; 数据不全、有空项、字迹不工整,每出现一次扣 0.5 分; 有效数字运算不规范,一次性扣 3 分		
(五)	文明操作	6			
1	实训台面	2	实训过程中台面、地面脏乱,一次性扣 2 分		
2	实训结束清洗仪器、试剂物品归位	2	实训结束未先清洗仪器或试剂物品未归位就完成报告,一次性扣 2 分		
3	仪器损坏	2	仪器损坏,一次性扣 2 分		
(六)	测定结果	30			
1	标定结果精密度		(极差/平均值)≤0.15%, 不扣分; 0.15%<(极差/平均值)≤0.25%, 扣 2.5 分; 0.25%<(极差/平均值)≤0.35%, 扣 5 分; 0.35%<(极差/平均值)≤0.45%,扣 7.5 分; (极差/平均值)>0.45%或标定结果少于 3 份,不给分		
2	标定结果准确度		(极差/平均值)>0.45%, 或标定结果少于 3 份,不给分; 保证值±1 s 内,不扣分; 保证值±2 s 内,扣 3 分; 保证值±3 s 内,扣 6 分; 保证值±3 s 外,扣 10 分		
3	测定结果准确度		保证值±1 s 内,不扣分; 保证值±2 s 内,扣 3 分; 保证值±3 s 内,扣 7 分; 保证值±3 s 外,扣 10 分		
合计					

任务五　生化需氧量的测定

生化需氧量是指在规定的条件下,好氧微生物在分解水中某些可氧化物质,尤其是有机物的生物化学氧化过程中所消耗的溶解氧量。其中也包括硫化物、亚铁等还原性无机物质氧化所消耗的氧量,但这部分通常占的比例很小。生化需氧量是反映水体被有机物污染程度的综合指标,也是研究废水的可生化降解性和生化处理效果以及生化处理废水工艺设计和动力学研究中的重要参数。

BOD_5 测定的是 5 d 培养过程中溶解氧的损失量,故对于较清洁的水(损失量小于

7 mg/L)可以不必稀释,直接测定;对于有机物浓度较高的水则需先进行稀释,稀释倍数视有机物浓度而定。若样品中的有机物含量较少,BOD_5 的质量浓度不大于 6 mg/L,且样品中有足够的微生物,用非稀释法测定。若样品中的有机物含量较少,BOD_5 的质量浓度不大于 6 mg/L,但样品中无足够的微生物,如酸性废水、碱性废水、高温废水、冷冻保存的废水或经过氯化处理等的废水,采用非稀释接种法测定。若试样中的有机物含量较多,BOD_5 的质量浓度大于 6 mg/L,且样品中有足够的微生物,采用稀释法测定。若试样中的有机物含量较多,BOD_5 的质量浓度大于 6 mg/L,但试样中无足够的微生物,采用稀释接种法测定。

一、预习思考

(1)预习《水质五日生化需氧量(BOD_5)的测定 稀释与接种法》(HJ 505—2009)。

(2)测定 BOD_5 时,地表水及工业废水的稀释倍数应如何确定?

(3)测定 BOD_5 时,经 5 d 培养后,测其溶解氧时,当向水样中加 1 mL $MnSO_4$ 及 2 mL 碱性 KI 溶液后,瓶内出现白色絮状沉淀,这是为什么?应如何处理?

二、实训目的

(1)熟悉水样稀释接种的过程。

(2)掌握稀释与接种法测定生化需氧量的方法。

三、原理

生化需氧量是指在规定的条件下,微生物分解水中的某些可氧化的物质,特别是分解有机物的生物化学过程消耗的溶解氧。通常情况下是指水样充满完全密闭的溶解氧瓶中,在(20±1) ℃的暗处培养 5 d±4 h 或(2+5)d±4 h (先在 0~4 ℃的暗处培养 2 d,接着在(20±1)℃的暗处培养 5 d),分别测定培养前后水样中溶解氧的质量浓度,由培养前后溶解氧的质量浓度之差,计算每升样品消耗的溶解氧量,以 BOD_5 表示。

四、实训准备

(一)样品的采集和保存

采集的样品应充满并密封于棕色玻璃瓶中,样品量不小于 1 000 mL,在 0~4℃的暗处运输和保存,并于 24 h 内尽快分析。24 h 内不能分析,可冷冻保存(冷冻保存时避免样品瓶破裂),冷冻样品分析前需解冻、均质化和接种处理。

容器的洗涤方法采用Ⅰ法(HJ 493—2009 规定,洗涤剂洗 1 次,自来水洗 3 次,蒸馏水洗 1 次)。

(二)实训仪器和试剂

1. 实训仪器

滤膜(孔径为 1.6 μm)、溶解氧瓶(带水封装置,容积 250~300 mL)、1 000~2 000 mL 的

量筒或容量瓶、虹吸管、冰箱、带风扇的恒温培养箱、曝气装置等，便携式防水溶解氧测定仪。

2. 实训试剂

(1)水。实训用水为符合 GB/T 6682—2008 规定的三级蒸馏水，且水中铜离子的质量浓度不大于 0.01 mg/L，不含有氯或氯胺等物质。

(2)接种液。可购买接种微生物用的接种物质，接种液的配制和使用按说明书的要求操作。也可按以下方法获得接种液。

①未受工业废水污染的生活污水：化学需氧量不大于 300 mg/L，总有机碳不大于 100 mg/L；

②含有城镇污水的河水或湖水；

③污水处理厂的出水；

④分析含有难降解物质的工业废水时，在其排污口下游适当处取水样作为废水的驯化接种液。也可取中和或经适当稀释后的废水进行连续曝气，每天加入少量该种废水，同时加入少量生活污水，使适应该种废水的微生物大量繁殖。当水中出现大量的絮状物时，表明微生物已繁殖，可用作接种液。一般驯化过程需 3~8 d。

(3)盐溶液。

磷酸盐缓冲溶液：将 8.5 g 磷酸二氢钾，21.75 g 磷酸氢二钾，33.4 g 磷酸氢二钠和 1.7 g 氯化铵溶于水中，稀释至 1 000 mL。此溶液的 pH 应为 7.2。

硫酸镁溶液(ρ=11.0 g/L)：将 22.5 g 硫酸镁($MgSO_4 \cdot 7H_2O$)溶于水中，稀释至 1 000 mL。此溶液在 0~4 ℃可稳定保存 6 个月，若发现任何沉淀或微生物生长应弃去。

氯化钙溶液(ρ=27.6 g/L)：将 27.6 g 无水氯化钙溶于水，稀释至 1 000 mL。此溶液在 0~4 ℃可稳定保存 6 个月，若发现任何沉淀或微生物生长应弃去。

氯化铁溶液(ρ=0.15 g/L)：将 0.25 g 氯化铁($FeCl_3 \cdot 6H_2O$)溶于水，稀释至 1 000 mL。此溶液在 0~4 ℃可稳定保存 6 个月，若发现任何沉淀或微生物生长应弃去。

(4)稀释水。在 5~20 L 玻璃瓶内装入一定量的水，控制水温在(20±1)℃。用曝气装置至少曝气 1 h，使水中的溶解氧达到 8 mg/L 以上。临用前于每升水中加入上述 4 种盐溶液各 1 mL，并混合均匀。稀释水的 pH 应为 7.2，其 BOD_5 应小于 0.2 mg/L。在曝气的过程中防止污染，特别是防止带入有机物、金属、氧化物或还原物。稀释水中氧的浓度不能过饱和，使用前需开口放置 1 h，且应在 24 h 内使用。剩余的稀释水应弃去。

(5)接种稀释水。根据接种液的来源不同，每升稀释水中加入适量接种液：城市生活污水和污水处理厂出水加 1~10 mL；河水或湖水加 10~100 mL。将接种稀释水存放在(20±1)℃的环境中，当天配制当天使用。接种的稀释水 pH 为 7.2，BOD_5 应小于 1.5 mg/L。

(6)盐酸溶液(c=0.5 mol/L)：将 40 mL 盐酸(ρ=1.18 g/mL)溶于水，稀释至 1 000 mL。

(7)氢氧化钠溶液(c=0.5 mol/L)：将 20 g 氢氧化钠溶于水，稀释至 1 000 mL。

(8)亚硫酸钠溶液(c=0.025 mol/L)：将 1.575 g 亚硫酸钠溶于水，稀释至 1 000 mL。此溶液不稳定，需临用现配。

(9)丙烯基硫脲硝化抑制剂(ρ=1.0 g/L)：溶解 0.20 g 丙烯基硫脲于 200 mL 水中，4 ℃

保存,此溶液可稳定保存 14 d。

(10)碘化钾溶液(ρ=100 g/L):将 10 g 碘化钾溶于水中,稀释至 100 mL。

(11)淀粉溶液(ρ=5 g/L):将 0.50 g 淀粉溶于水中,用刚烧开的水稀释至 100 mL。

五、实训操作

(一)分析测试

1. 样品预处理

(1)调节 pH

若样品或稀释后样品 pH 不在 6~8,应用盐酸溶液(c=0.5 mol/L)或氢氧化钠溶液(c=0.5 mol/L)调节其 pH 至 6~8。

(2)去除余氯和结合氯

若样品中含有少量余氯,一般在采样后放置 1 ~2 h,游离氯即可消失。对在短时间内不能消失的余氯,可加入适量亚硫酸钠溶液去除样品中存在的余氯和结合氯,加入的亚硫酸钠溶液的量由下述方法确定。

取已中和好的水样 100 mL,加入(1∶1)乙酸溶液 10 mL、碘化钾溶液 1 mL,混匀,暗处静置 5 min。用亚硫酸钠溶液滴定析出的碘至淡黄色,加入 1 mL 淀粉溶液呈蓝色。再继续滴定至蓝色刚刚褪去,即为终点。记录所用亚硫酸钠溶液体积,由亚硫酸钠溶液消耗的体积,计算出水样中应加亚硫酸钠溶液的体积。

(3)样品均质化

含有大量颗粒物、需要较大稀释倍数的样品或经冷冻保存的样品,测定前均需将样品搅拌均匀。

(4)去除藻类

若样品中有大量藻类存在,BOD_5 的测定结果会偏高。当分析结果精度要求较高时,测定前应用滤孔为 1.6 μm 的滤膜过滤,检测报告中注明滤膜滤孔的大小。

(5)含盐量低的样品

若样品含盐量低,非稀释样品的电导率小于 125 μS/cm 时,需加入适量相同体积的上述 4 种盐溶液,使样品的电导率大于 125 μS/cm。每升样品中至少需加入各种盐的体积 V 按下式计算:

$$V=(\Delta K-12.8)/113.6$$

式中　V——需加入各种盐的体积,mL;

ΔK——样品需要提高的电导率值,μS/cm。

2. 样品准备

测定前待测试样的温度达到(20±2)℃,若样品中溶解氧浓度低,需要曝气 15 min,充分振摇赶走样品中残留的空气泡;若样品中氧气过饱和,将容器 2/3 体积充满样品,用力振荡赶出过饱和氧,然后根据试样中微生物含量确定测定方法。

3. 稀释倍数确定

样品稀释的程度应使消耗的溶解氧质量浓度不小于 2 mg/L，培养后样品中剩余溶解氧质量浓度不小于 2 mg/L，且试样中剩余的溶解氧的质量浓度以开始浓度的 1/3～2/3 为最佳。稀释倍数可根据样品的总有机碳(TOC)、高锰酸盐指数(I_{Mn})或化学需氧量的测定值，按照表 2-9 列出的 BOD_5 与总有机碳、高锰酸盐指数或化学需氧量的比值 R 估计 BOD_5 的期望值(R 与样品的类型有关)，再根据表 2-10 确定稀释因子。当不能准确地选择稀释倍数时，一个样品做 2～3 个不同的稀释倍数。

由表 2-9 中选择适当的 R 值，按下面公式计算 BOD_5 的期望值：

$$P=RY$$

式中 P——五日生化需氧量浓度的期望值，mg/L；

Y——总有机碳、高锰酸盐指数或化学需氧量的值，mg/L。

表 2-9 典型的比值 R

水样的类型	总有机碳 R (BOD_5/TOC)	高锰酸盐指数 R (BOD_5/I_{Mn})	化学需氧量 R (BOD_5/COD)
未处理的废水	1.2～2.8	1.2～1.5	0.35～0.65
生化处理的废水	0.3～1.0	0.5～1.2	0.20～0.35

由估算出的 BOD_5 的期望值，按表 2-10 确定样品的稀释倍数。

表 2-10 BOD_5 测定的稀释倍数

BOD_5 的期望值 /($mg \cdot L^{-1}$)	稀释倍数	水样类型
6～12	2	河水或生物净化的城市污水
10～30	5	河水或生物净化的城市污水
20～60	10	生物净化的城市污水
40～120	20	澄清的城市污水或轻度污染的工业废水
100～300	50	轻度污染的工业废水或原城市污水
200～600	100	轻度污染的工业废水或原城市污水
400～1 200	200	重度污染的工业废水或原城市污水
1 000～3 000	500	重度污染的工业废水
2 000～6 000	1 000	重度污染的工业废水

4. 样品测定

按照表 2-9 和表 2-10 方法确定好稀释倍数，用稀释水或接种稀释水稀释样品，有可能发生硝化反应,需在每升试样培养液中加入 2 mL 丙烯基硫脲硝化抑制剂。将一定体积的试样或处理后的试样用虹吸管加入已加部分稀释水或接种稀释水的稀释容器中,加稀释水或接种稀释水至刻度,轻轻混合避免残留气泡,待测定。若稀释倍数超过 100 倍,可进行两步或多步稀释。

将试样充满两个溶解氧瓶中,使试样少量溢出,防止试样中的溶解氧质量浓度改变,使瓶中存在的气泡靠瓶壁排除。将一瓶盖上瓶盖,加上水封,在瓶盖外罩上一个密封罩,防止培养期间水封水蒸发干,在恒温培养箱中培养 5 d±4 h 或(2+5)d±4 h 后,用碘量法(电极法)测定试样中溶解氧的质量浓度。另一瓶 15 min 后测定试样在培养前溶解氧的质量浓度。

5. 空白测定

空白试液为稀释水或接种稀释水,需要时每升试样加入 2 mL 丙烯基硫脲硝化抑制剂。测定方法同样品的测定方法。

(二)原始数据记录

认真填写生化需氧量分析原始数据记录表(表 2-11)。

(三)实训室整理

(1)将滴定管等器皿清洗干净,物归原处。

(2)清理实训台面和地面,保持实训室干净整洁。

(3)检查实训室用水、用电是否处于安全状态。

六、数据处理

稀释法和稀释接种法按下式计算样品 BOD_5 的测定结果:

$$\frac{p=(p_1-p_2)-(p_3-p_4)\cdot f_1}{f_2}$$

式中　p——五日生化需氧量质量浓度,mg/L;

p_1——稀释水样(或接种稀释水样)在培养前的溶解氧质量浓度,mg/L;

p_2——稀释水样(或接种稀释水样)在培养后的溶解氧质量浓度,mg/L;

p_3——空白样在培养前的溶解氧质量浓度,mg/L;

p_4——空白样在培养后的溶解氧质量浓度,mg/L;

f_1——接种稀释水或稀释水在培养液中所占的比例;

f_2——原样品在培养液中所占的比例。

七、实训报告

按照实训报告的格式要求认真填写。

八、实训总结

(1)本标准适用于地表水、工业废水和生活污水中五日生化需氧量的测定。该方法的检出限为 0.5 mg/L,该方法的测定下限为 2 mg/L,非稀释法和非稀释接种法的测定上限为 6 mg/L,稀释与稀释接种法的测定上限为 6 000 mg/L。

(2)每一批样品做两个分析空白试样,稀释法空白试样的测定结果不能超过 0.5 mg/L,非稀释接种法和稀释接种法空白试样的测定结果不能超过 1.5 mg/L,否则应检查可能的污染来源。

(3)每一批样品要求做一个标准样品,样品的配制方法如下:取 20 mL 葡萄糖-谷氨酸标准溶液于稀释容器中,用接种稀释水稀释至 1 000 mL,测定 BOD_5。测定结果;应在 180~230 mg/L,否则应检查接种液、稀释水的质量。

(4) BOD_5 测定结果以氧的质量浓度(mg/L)报出。对稀释与接种法,如果有几个稀释倍数的结果满足要求,结果取这些稀释倍数结果的平均值。

(5)结果小于 100 mg/L,保留一位小数; 结果在 100~1 000 mg/L,取整数位;结果大于 1 000 mg/L,以科学计数法报出。结果报告中应注明样品是否经过过滤、冷冻或均质化处理。

九、实训考核

实训考核评分标准详见生化需氧量测定的操作评分表(表 2-12)。

表 2-11　生化需氧量分析原始数据记录表

样品种类________　　分析方法________　　分析日期____年____月____日

<table>
<tr><td rowspan="5">硫代硫酸钠溶液的标定</td><td rowspan="2">次数</td><td colspan="7">滴定重铬酸钾标准溶液时
硫代硫酸钠溶液的用量/mL</td><td rowspan="2">硫代硫酸钠溶液的浓度/(mol · L⁻¹)</td><td rowspan="2">硫代硫酸钠溶液的平均浓度/(mol · L⁻¹)</td></tr>
<tr><td colspan="3">初始读数</td><td colspan="2">终点读数</td><td colspan="2">消耗体积</td></tr>
<tr><td>1</td><td colspan="3"></td><td colspan="2"></td><td colspan="2"></td><td></td><td rowspan="3"></td></tr>
<tr><td>2</td><td colspan="3"></td><td colspan="2"></td><td colspan="2"></td><td></td></tr>
<tr><td>3</td><td colspan="3"></td><td colspan="2"></td><td colspan="2"></td><td></td></tr>
<tr><td rowspan="6">样品的测定</td><td rowspan="3">样品编号</td><td rowspan="3">稀释比</td><td colspan="4">测定空白</td><td colspan="4">测定水样</td><td rowspan="3">样品的 BOD₅ 值/(mg · L⁻¹)</td></tr>
<tr><td colspan="2">硫代硫酸钠溶液的用量/mL</td><td colspan="2">溶解氧的质量浓度/(mg · L⁻¹)</td><td colspan="2">硫代硫酸钠溶液的用量/mL</td><td colspan="2">溶解氧的质量浓度/(mg · L⁻¹)</td></tr>
<tr><td>培养前</td><td>培养后</td><td>培养前</td><td>培养后</td><td>培养前</td><td>培养后</td><td>培养前</td><td>培养后</td></tr>
<tr><td></td><td></td><td></td><td></td><td></td><td></td><td></td><td></td><td></td><td></td><td></td></tr>
<tr><td></td><td></td><td></td><td></td><td></td><td></td><td></td><td></td><td></td><td></td><td></td></tr>
<tr><td></td><td></td><td></td><td></td><td></td><td></td><td></td><td></td><td></td><td></td><td></td></tr>
</table>

表 2-11(续)

标准化记录	重铬酸钾标准溶液浓度/($mg \cdot L^{-1}$)	硫代硫酸钠溶液标定时间	硫代硫酸钠溶液浓度计算公式	温度/℃	湿度

分析人________　　校对人________　　审核人________

表 2-12　生化需氧量测定的操作评分表

班级________　学号________　姓名________　成绩________

考核日期________　开始时间________　结束时间________　考评员________

序号	考核点	分值	评分标准	扣分	得分
(一)	实训准备	6			
1	玻璃仪器洗涤	2	玻璃仪器洗涤干净后内壁应不挂水珠,否则一次性扣 2 分		
2	移液管润洗	2	润洗溶液若超过总体积的 1/3,一次性扣 0.5 分 润洗后废液应从下口排放,否则一次性扣 0.5 分 润洗少于 3 次,一次性扣 1 分		
3	溶解氧测定仪校准	2	按照仪器说明书的操作进行仪器的校准,未进行扣 2 分		
(二)	样品的预处理	6			
1	调节 pH	2	测定样品或稀释后样品 pH,不在 6~8 范围内,应调节其 pH 至 6~8,不正确或未进行扣 2 分		
2	去除余氯(结合氨)	2	采样后放置 1~2 h,游离氯即可消失,不正确或未进行扣 2 分		
3	样品均质化	2	将样品搅拌均匀,不正确或未进行扣 2 分		
(三)	样品的准备	8	测定待测试样的温度,应达到(20±2)℃,不正确或未进行扣 3 分。 若样品中溶解氧浓度低,需要曝气 15 min,充分振摇赶走样品中残留的空气泡;若样品中氧气过饱和,将容器 2/3 体积充满样品,用力振荡赶出过饱和氧。不正确或未进行扣 5 分		
(四)	稀释倍数的确定	12	根据 COD 或高锰酸盐指数确定 R 值,不正确或未进行扣 3 分; 计算 P 值(BOD_5 期望值),不正确或未进行扣 3 分; 根据 ρ 值和水样的类型确定稀释倍数,不正确或未进行扣 3 分; 一个样品做 2~3 个不同的稀释倍数,不正确或未进行扣 3 分		

表 2-12(续 1)

序号	考核点	分值	评分标准	扣分	得分
(五)	样品的测定	22			
1	取试样	4	稀释试样的器皿选择不正确,扣 1 分; 虹吸法取样,不正确扣 3 分		
2	样品的稀释过程	6	在稀释容器中加部分稀释水(接种稀释水),不正确扣 1 分; 用虹吸管将试样加入, 不正确扣 3 分; 加稀释水(接种稀释水)至刻度,不正确扣 1 分; 轻轻混合避免残留气泡,不正确扣 1 分		
3	样品的测定	12	将试样充满两个溶解氧瓶中,使试样少量溢出,不正确扣 2 分; 靠瓶壁排除瓶中存在的气泡,不正确扣 1 分; 将一瓶盖上瓶盖,加上水封,不正确扣 2 分; 在瓶盖外罩上一个密封罩,防止培养期间水封水蒸发干,不正确扣 1 分; 在恒温培养箱中于(20±1)℃培养 5 d±4 h,不正确扣 2 分; 培养后用电极法测定试样中溶解氧的质量浓度,不正确扣 2 分; 另一瓶 15 min 后测定试样在培养前溶解氧的质量浓度,不正确扣 2 分		
(六)	空白测定	14	空白试液为稀释水或接种稀释水,选择不正确扣 2 分; 将空白试液充满两个溶解氧瓶中,使空白试液少量溢出,不正确扣 2 分; 靠瓶壁排除瓶中存在的气泡,不正确扣 1 分; 将一瓶盖上瓶盖,加上水封,不正确扣 2 分; 在瓶盖外罩上一个密封罩,防止培养期间水封水蒸发干,不正确扣 1 分; 在恒温培养箱中于(20±1)℃培养 5 d±4 h,不正确扣 2 分; 培养后用电极法测定空白试液中溶解氧的质量浓度,不正确扣 2 分; 另一瓶 15 min 后测定空白试液在培养前溶解氧的质量浓度,不正确扣 2 分		
(七)	数据记录和结果计算	26			

表 2-12(续 2)

序号	考核点	分值	评分标准	扣分	得分
1	原始记录	8	数据未直接填在报告单上、数据不全、有空项,每项扣 1 分,可累计扣分; 分析、记录、校核人每缺少一项,扣 2 分		
2	测定结果	18	有效数字不正确,扣 3 分; 结果计算错误,扣 5 分; 稀释倍数确定错误,扣 10 分		
(八)	文明操作	6			
1	实训台面	2	实训过程中台面、地面脏乱,一次性扣 2 分		
2	实训结束清洗仪器、试剂物品归位	2	实训结束未清洗仪器或试剂物品未归位,扣 2 分		
3	仪器损坏	2	仪器损坏,一次性扣 2 分		
合计					

项目三　城镇污水处理厂水质监测

任务一　城镇污水处理厂水质监测方案的制定

一、实训目的

水质监测是每座污水处理厂每日例行的工作，其目的是保证污水处理厂的正常运行，监控污水处理厂的出水水质，考核污水处理厂工艺运行效果，严格控制未达标水质的排放。通过制定城镇污水处理厂水质监测方案，使学生掌握污水处理厂采样点位置的设置、水样采集及保存方法，掌握水样采集器具的使用方法，掌握污水处理厂主要的水质监测指标及相应的分析测定方法，了解这些指标对污水处理厂运行管理的指导作用。

二、水质监测的对象

城镇污水处理厂水质监测的对象为污水处理厂进、出水，以及各个工艺单元的进、出水或混合液。

三、水样的采集和保存方法

1. 水样的采集

水样的采集是通过采集很少的一部分来反映被采样水体的整体全貌。城镇污水处理厂水质监测水样的采集方法主要有人工采样和自动采样两种。

根据所采水样的深度，人工采样可分为浅水采样和深层水采样。浅水采样是利用容器或用聚乙烯塑料筒直接采集。深层水采样主要是利用专制的深层水采样器采集，也可将聚乙烯筒固定在支架上，沉入要求的深度进行采集。

自动采样是借助自动采样器进行自动采样。自动采样器可以按照一定的时间间隔瞬时采样，也可以按照流量比例进行采样。

2. 水样的种类

用于污水处理厂水质监测的水样按其代表性分为瞬时水样和混合水样。

瞬时水样代表采样地点采样瞬间的水质状况。只有当被采集水样的组分在相当长的时间或在相当大空间范围内相对稳定的情况下，瞬时水样才具有代表性。当被采水样的组分随时间变化时,应在适宜的时间间隔内采集瞬时水样,分别进行分析,测出水质变化程度、频率和周期;当被采集水样的组分随空间变化时,应在各个相应的采样点同时采集瞬时水样。

混合水样是指在一段时间内,间隔一定的时间在同一采样点所采集的瞬时水样混合后的水样。混合水样代表一段时间间隔内的水质状况。混合水样常用于平均浓度的分析。城镇污水处理厂出水的水质分析常采用混合水样。对于进水和出水随时间变化的城镇污水处理厂,为了取得更有代表性的水样,可以根据水量的变化采集相应比例体积的瞬时水样,并最终加以混合,分析平均浓度。

污水处理厂采集水样的频率至少 2 h 一次,将 24 h 的水样混合后进行监测分析。也可根据构筑物运转需要而采集瞬时水样。

3. 水样的保存方法

所采集的水样如果不能及时进行监测必须放在避光阴凉的地方,防止灰尘、小动物等进入,有条件的可置于冰箱内,以保持水样的原状。

不能及时完成分析的水样,则应根据不同监测项目的要求,采取适宜的保存方法,保存方法参考《水质采样 样品的保存和管理技术规定》(HJ 493—2009)。水样最长储存时间一般为:清洁水样 72 h;轻污染水样 48 h;严重污染水样 12 h。

四、水质监测项目与方法

污水处理厂的水质监测分为化学分析和感官判断两种。在污水处理厂的运行过程中,操作人员可以通过对感官指标的观测判断进水水质是否正常,各构筑物是否正常运行。污水处理厂常用的感官指标包括:进出水的颜色、气味、泡沫、气泡及水温等。

城市污水处理厂常规化学监测指标包括:进出水的 pH、生化需氧量、化学需氧量、总固体(TS)、悬浮固体(SS)、溶解氧(DO)、氨氮(NH_3-N)、亚硝酸盐氮(NO_2^--N)、硝酸盐氮(NO_3^--N)、总氮(TN)、总磷(TP)及碱度等。

分析方法依据《地表水和废水监测技术规范》(HJ/T 91—2002)以及环境保护部出版的《水和废水监测分析方法(第四版)》。

五、监测结果分析与评价

对监测数据进行分析,评价污水处理厂的运行效果,对污水处理厂的维护管理提出合理化建议。

六、实训报告

按照污水处理厂水质监测方案的制定实训报告(表 3-1)的格式要求认真填写。

表 3-1　污水处理厂水质监测方案的制定实训报告

班级		姓名		学号	
实训时间		实训地点		成绩	

批改意见：

教师签字：

实训目的

水样的保存

水样的保存方法

序号	待测项目	容器类别	保存方法
1			
2			

监测点位的布设

监测点位设置情况表

工艺单元	取样位置	监测项目	取样频率	水样类别
一级处理	进水			
	出水			
	污泥			
二级处理	混合液			
	回流污泥			
	二沉池出水			
厌氧消化	消化进泥			
	消化池			
	消化出泥			
	消化上清液			
	沼气池			

表 3-1(续)

<table>
<tr><td>分析方法的确定</td><td>监测项目的分析方法及检出下限表
<table><tr><th>序号</th><th>监测项目</th><th>分析方法</th><th>检出限</th><th>方法来源</th></tr><tr><td>1</td><td></td><td></td><td></td><td></td></tr><tr><td>2</td><td></td><td></td><td></td><td></td></tr><tr><td></td><td></td><td></td><td></td><td></td></tr><tr><td></td><td></td><td></td><td></td><td></td></tr><tr><td></td><td></td><td></td><td></td><td></td></tr><tr><td></td><td></td><td></td><td></td><td></td></tr><tr><td></td><td></td><td></td><td></td><td></td></tr><tr><td></td><td></td><td></td><td></td><td></td></tr><tr><td></td><td></td><td></td><td></td><td></td></tr><tr><td></td><td></td><td></td><td></td><td></td></tr></table></td></tr>
<tr><td>水质评价及合理化建议</td><td></td></tr>
</table>

任务二　悬浮物的测定

悬浮物又称不可滤残渣，是指不能通过孔径为 0.45 μm 滤膜的固体物。许多江河由于水土流失使水中悬浮物大量增加。地表水中存在悬浮物使水体浑浊，降低了其透明度，影响水生生物的呼吸和代谢，甚至造成鱼类窒息死亡。悬浮物多时，还可能造成河道阻塞。因此，在水和废水处理中，测定悬浮物具有特定意义。造纸、皮革、冲渣、选矿、湿法粉碎和喷淋除尘等工业操作中产生大量含无机、有机的悬浮物废水。

一、预习思考

(1)预习《水质 悬浮物的测定 重量法》(GB 11901—1989)。

(2)测定悬浮物时应如何确定取样的体积?

(3)用两种不同孔径的滤膜测定同一水样的悬浮物时，其结果是否一样?

二、实训目的

(1)熟悉过滤和称量操作。

(2)掌握重量法测定悬浮物的方法。

三、原理

水质中的悬浮物是指水样通过 0.45 μm 的滤膜,截留在滤膜上并于 103~105 ℃烘干至恒重的固体物质。

四、实训准备

(一)样品的采集和保存

盛装水样采用聚乙烯瓶或硬质玻璃瓶。容器的洗涤方法采用Ⅰ法(HJ 493—2009 规定,洗涤剂洗 1 次,自来水洗 3 次,蒸馏水洗 1 次)。装样前,先用采集的水样冲洗 3 次,在注入具有代表性的水样 500~1 000 mL,盖严瓶盖。值得注意的是,漂浮或浸没的不均匀固体物质不属于悬浮物质,应从水样中除去。

采集的水样应尽快测定,如需放置,应储存于 4 ℃的冰箱内,但最长不能超过 7 d,同时不能加入任何保护剂,以免造成组成的变化。

(二)实训仪器

烘箱、分析天平、干燥器、孔径为 0.45 μm 的滤膜、吸滤瓶、真空泵、内径为 30~50 mm 的称量瓶。

实验　悬浮物的测定

五、实训操作

(一)样品测定

(1)将滤膜放在称量瓶中,打开瓶盖,在 103~105 ℃烘干 2 h,取出放入干燥器,冷却后盖好瓶盖称重,直至恒重(两次称量相差不超过 0.2 mg)。

(2)去除漂浮物后振荡水样,量取均匀适量的水样(使悬浮物大于 2.5 mg),用称至恒重的滤膜过滤;用蒸馏水洗残渣 3~5 次。如样品中含油脂,用 10 mL 石油醚分两次淋洗残渣。

(3)小心取下滤膜,放入原称量瓶内,在 103~105 ℃烘箱中,打开瓶盖烘干 2 h,取出放入干燥器中,冷却后盖好盖称重,直至恒重为止(两次称量相差不超过 0.4 mg)。

(二)原始数据记录

认真填写悬浮物分析原始数据记录表(表 3-2)。

（三）实训室整理

（1）关闭真空泵、烘箱、天平的电源开关，拔掉电源插头。

（2）将玻璃器皿清洗干净，物归原处。

（3）清理实训台面和地面，保持实训室干净整洁。

（4）检查实训室用水、用电是否处于安全状态。

六、数据处理

水中悬浮物的质量浓度按下式计算：

$$\rho=\frac{(A-B)\times10^6}{V}$$

式中 ρ——悬浮物的质量浓度，mg/L；

A——悬浮物+滤膜+称量瓶的质量，g；

B——滤膜+称量瓶的质量，g；

V——试样的体积，mL。

七、实训报告

按照实训报告的格式要求认真填写。

八、实训总结

（1）方法适用于地表水、地下水、生活污水和工业废水中悬浮物的测定。最低检出浓度为 4 mg/L。

（2）树叶、木棒、水草等杂质应先从水中除去。

（3）废水黏度高时，可加 2~4 倍蒸馏水稀释，振荡均匀，待沉淀物下降后再过滤。

九、实训考核

实训考核评分标准详见水质悬浮物测定的操作评分表（表 3-3）。

表 3-2　悬浮物分析原始数据记录表

样品种类________　　分析方法________　　分析日期____年____月____日

样品编号	取样量	称重/g				样品质量	分析结果	计算公式：
		始重（称量瓶+滤膜）		末重（称量瓶+滤膜+悬浮物）				
		1	2（恒重）	1	2（恒重）			

表 3-2(续)

	仪器名称	仪器编号	室温	湿度
标准化记录				

分析人________　　校对人________　　审核人________

表 3-3　水质悬浮物测定的操作评分表

班级________　　学号________　　姓名________　　成绩________

考核日期________　　开始时间________　　结束时间________　　考评员________

序号	考核点	分值	评分标准	扣分	得分
(一)	称量	18			
1	分析天平称量前准备	4	未检查天平水平,扣 2 分; 托盘未清扫,扣 2 分		
2	分析天平称量操作	9	干燥器盖子放置不正确,扣 1 分; 手直接触及被称物容器或被称物容器放在台面上,扣 2 分; 称量瓶放置不当,扣 1 分; 称量时称量瓶应盖盖子,不正确扣 2 分; 开关天平门操作不当,扣 1 分; 读数及记录不正确,扣 1 分		
3	称量后处理	5	不关天平门,扣 1 分; 天平内外不清洁,扣 1 分; 未检查零点,扣 1 分; 凳子未归位,扣 1 分; 未做使用记录,扣 1 分		
(二)	烘干操作	12	103~105 ℃下烘干, 不正确扣 3 分; 在烘箱里烘干时,称量瓶盖子应打开,并放置于称量瓶旁,不正确扣 2 分; 放在干燥器里冷却至室温,不正确扣 3 分; 称量恒重,不正确扣 4 分		
(三)	水样测定	20	水样要搅拌均匀,不正确扣 5 分; 用量筒量取水样,不正确扣 5 分; 水样的取用量不合适,扣 10 分		

表 3-3(续)

序号	考核点	分值	评分标准	扣分	得分
(四)	过滤操作	16	使用滤膜或中速定量滤纸,不正确扣 2 分; 过滤装置安装不合理,扣 4 分; 倾倒溶液时要用玻璃棒引流,不正确扣 2 分; 玻璃棒应低于滤纸边缘并倾斜,不正确扣 2 分; 烧杯没有沿玻璃棒向上提起,不正确扣 2 分; 玻璃棒放回烧杯操作,不正确扣 2 分; 洗涤烧杯 3~4 次,不正确扣 2 分		
(五)	原始数据记录和结果的表述	10	数据未直接填在记录单上、数据不全、有空项,每项扣 2 分,可累计扣分; 原始记录中,缺少计量单位或错误,每出现一次扣 2 分; 测定结果表述不正确,扣 5 分		
(六)	文明操作	6			
1	实训台面	2	实训过程中台面、地面脏乱,一次性扣 2 分		
2	实训结束清洗仪器、试剂物品归位	2	实训结束未清洗仪器或试剂物品未归位,扣 2 分		
3	仪器损坏	2	仪器损坏,一次性扣 2 分		
(七)	测定结果准确度	18	测定结果:测定值在 保证值±1 s 内,不扣分; 保证值±2 s 内,扣 6 分; 保证值±3 s 内,扣 12 分; 保证值±3 s 外,扣 18 分		
合计					

任务三　总氮的测定

总氮是指水体中所有含氮化合物中的氮含量,是反映水体富营养化程度的重要指标之一。其是衡量水质的重要指标,是有机氮和无机氮的和。

一、预习思考

(1)预习《水质 总氮的测定 碱性过硫酸钾消解紫外分光光度法》(HJ 636—2012)。
(2)在过硫酸钾氧化-紫外分光光度法测定总氮的过程中,过硫酸钾起什么作用?
(3)紫外分光光度计和可见分光光度计有什么区别?

二、实训目的

(1)掌握紫外分光光度计的使用方法。

(2)掌握过硫酸钾氧化-紫外分光光度法测定总氮的方法。

(3)学会标准曲线法定量方法。

三、原理

在 60 ℃以上的水溶液中,过硫酸钾分解产生硫酸氢钾和原子态氧,分解出的原子态氧在 120~124 ℃下,可使水样中含氮化合物的氮元素转化为硝酸盐,消解后的溶液用紫外分光光度计于 220 nm 和 275 nm 波长处测量吸光度,按公式 $A=A_{220}-2A_{275}$ 计算吸光度值,从而计算总氮的含量。

60 ℃以上的水溶液中过硫酸钾分解反应式如下:

$$K_2S_2O_8+H_2O \xlongequal{} 2KHSO_4+O^*$$

$$KHSO_4 \xlongequal{} K^++HSO_4^-$$

$$HSO_4^- \xlongequal{} H^++SO_4^{2-}$$

四、实训准备

(一)样品的采集和保存

水样采集在聚乙烯瓶或玻璃瓶内。水样采集后立即放入冰箱中或低于 4 ℃条件下保存,不得超过 24 h,否则要用硫酸酸化至 pH≤2,并尽快测定。容器的洗涤方法采用Ⅰ法(HJ 493—2009 规定,洗涤剂洗 1 次,自来水洗 3 次,蒸馏水洗 1 次)。采样量为 250 mL。

(二)实训仪器和试剂

1. 实训仪器

紫外分光光度计、压力蒸汽消毒器或民用压力锅(压力在 1.1~1.3 kg/cm^2,相应温度为 120~124 ℃)、25 mL 具塞比色管等。

2. 实训试剂

(1)无氨水:每升蒸馏水中加 0.1 mL 硫酸,在全玻璃蒸馏器中重蒸馏,弃去 50 mL 初馏液,接取其余馏出液于具塞磨口玻璃瓶中,密塞保存。

(2)碱性过硫酸钾溶液:称取 40 g 过硫酸钾和 15 g 氢氧化钠,溶于无氨水中,稀释至 1 000 mL。存放在聚乙烯瓶内,可储存一周。

(3)硝酸钾标准储备液(ρ=100 μg/mL):称取 0.721 8 g 经 105~110 ℃烘干 3 h 的优级纯硝酸钾,溶于无氨水中,移入 1 000 mL 容量瓶中,稀释至刻度线。加入 2 mL 三氯甲烷保护剂,至少可稳定 6 个月。

(4)硝酸钾标准使用液(ρ=10 μg/mL):将标准储备液用无氨水稀释至 10 倍。

五、实训操作

(一)分析测试

1. 标准曲线绘制

如图 3-1 所示为总氮的测定程序。

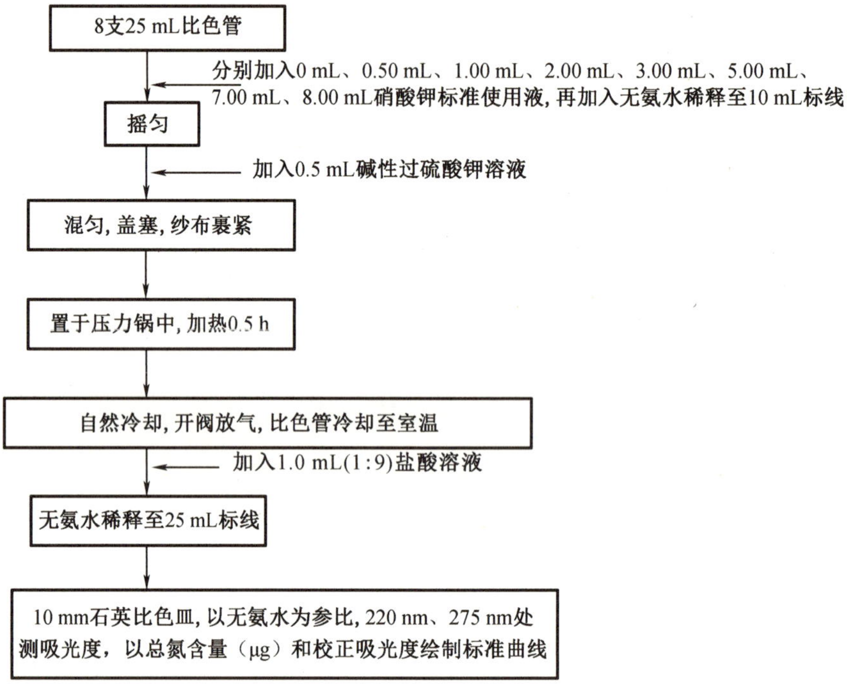

图 3-1　总氮的测定程序

2. 水样测定

取 10.00 mL 水样(或适量水样,使氮含量为 20~80 μg)。按标准曲线相应步骤进行操作。用标准曲线回归方程进行计算,得出水样的总氮含量。

3. 空白测定

以无氨水代替水样,按标准曲线的相同步骤测定。

(二)原始数据记录

认真填写总氮分析原始数据记录表(表 3-4)。

(三)实训室整理

(1)将分光光度计的拉杆推至非测量挡,合上样品室盖。

(2)仪器回零,关闭仪器电源开关,拔掉电源插头。

(3)比色皿、比色管等器皿清洗干净,物归原处。

(4)清理实训台面和地面,保持实训室干净整洁。

(5)检查实训室用水、用电是否处于安全状态。

六、数据处理

水样中总氮的质量浓度按下式计算：

$$P_{N}=\frac{A_{s}-A_{b}-a}{b\times V}$$

式中　P_{N}——水样中总氮的质量浓度，mg/L，以氮计；

A_{s}——水样的吸光度；

A_{b}——空白试验的吸光度；

a——标准曲线的截距；

b——标准曲线的斜率；

V——试样体积，mL。

七、实训报告

按照实训报告的格式要求认真填写。

八、实训总结

(1)该方法适用于湖泊、水库、江河水中总氮的测定。最低检出限为0.05 mg/L，测定上限为4 mg/L。

(2)水样中含有六价铬和三价铁对测定有干扰，可加入5%盐酸羟胺溶液1~2 mL消除。

(3)碳酸盐和碳酸氢盐对测定有干扰，可加入一定量的盐酸消除。

(4)使用压力蒸汽消毒器或民用压力锅时，冷却后再打开盖子。

(5)玻璃器皿可用10%盐酸溶液浸洗，用蒸馏水冲洗后，再用无氨水冲洗。

九、实训考核

实训考核评分标准详见水质总氮测定的操作评分表(表3-5)。

表3-4　总氮分析原始数据记录表

样品种类________　　分析方法________　　分析日期____年____月____日

<table>
<tr><td rowspan="7">标准曲线</td><td colspan="2">标准管号</td><td>0</td><td>1</td><td>2</td><td>3</td><td>4</td><td>5</td><td>6</td><td>7</td><td rowspan="7">标准溶液名称及浓度：______
______
标准曲线回归方程及相关系数：______
r=______
方法检出限：______
______</td></tr>
<tr><td rowspan="2">标液量</td><td>mL</td><td></td><td></td><td></td><td></td><td></td><td></td><td></td><td></td></tr>
<tr><td>μg</td><td></td><td></td><td></td><td></td><td></td><td></td><td></td><td></td></tr>
<tr><td colspan="2">A_{200}</td><td></td><td></td><td></td><td></td><td></td><td></td><td></td><td></td></tr>
<tr><td colspan="2">A_{275}</td><td></td><td></td><td></td><td></td><td></td><td></td><td></td><td></td></tr>
<tr><td colspan="2">$A_{200}-A_{275}$</td><td></td><td></td><td></td><td></td><td></td><td></td><td></td><td></td></tr>
<tr><td colspan="2">$A-A_{0}$</td><td></td><td></td><td></td><td></td><td></td><td></td><td></td><td></td></tr>
</table>

表 3-4(续)

样品测定	样品编号	取样量/mL	定容体积/mL	A_{200}		A_{275}		$A_{200}-A_{275}$		$A-A_0$	样品质量/μg	样品浓度/$(mg\cdot L^{-1})$	计算公式:
				样品	空白	样品	空白	样品	空白				

标准化记录	仪器名称	仪器编号	显色温度/℃	显色时间	参比溶液	波长/nm	比色皿/mm	室温/℃	湿度

分析人________　　校对人________　　审核人________

表 3-5　水质总氮测定的操作评分表

班级________　　学号________　　姓名________　　成绩________

考核日期________　　开始时间________　　结束时间________　　考评员________

序号	考核点	分值	评分标准	扣分	得分
(一)	仪器准备	6			
1	玻璃仪器洗涤	2	玻璃仪器洗涤干净后内壁应不挂水珠,否则一次性扣2分		
2	分光光度计预热 20 min	2	仪器未进行预热或预热时间不够,扣1分; 打开盖子预热,不正确扣1分		
3	移液管润洗	2	润洗溶液若超过总体积的1/3,一次性扣0.5分; 润洗后废液应从下口排放,否则一次性扣0.5分; 润洗少于3次,一次性扣1分		
(二)	标准系列的配制	18	标准溶液使用前没有摇匀,扣2分; 标准溶液使用前没有稀释,扣3分; 移液管插入液面下1 cm左右,不正确,一次性扣1分; 吸空或将溶液吸入吸耳球内,扣1分; 一次性吸液不成功,重新吸取的,一次性扣1分; 将移液管中过多的储备液放回储备液瓶中,扣2分; 每个点取液应从零分度开始,不正确,一次性扣1分(工作液可放回剩余溶液再取液); 标准曲线取点不少于6点,不符合扣3分; 只选用一支吸量管移取标液,不符合扣2分; 逐滴加入蒸馏水至标线操作不当,扣1分; 混合不充分或中间未开塞,扣1分		

表 3-5(续 1)

序号	考核点	分值	评分标准	扣分	得分
(三)	标准系列的测定	20			
1	测定前的准备	4	波长选择不正确,扣 2 分; 不能正确调“0”和“100%”,扣 2 分		
2	测定操作	10	没有进行比色皿配套性选择或选择不当,扣 2 分; 手触及比色皿透光面,扣 1 分; 加入溶液高度不正确,扣 1 分; 比色皿外壁溶液处理不正确,扣 1 分; 不正确使用参比溶液,扣 2 分; 比色皿盒拉杆操作不当,扣 1 分; 开关比色皿暗箱盖不当,扣 1 分; 读数不准确或重新取液测定,扣 1 分		
3	测定过程中仪器被溶液污染	2	比色皿放在分光光度计仪器表面,扣 1 分; 比色室被洒落溶液污染或未及时彻底清理干净,扣 1 分		
4	测定后的处理	4	台面不清洁,扣 1 分; 未取出比色皿或未洗涤,扣 1 分; 没有倒尽控干比色皿,扣 1 分; 未关闭仪器电源,扣 0.5 分; 测定结束,未做使用记录,扣 0.5 分		
(四)	水样的测定	10	水样取用量不合适,扣 3 分; 量取水样应使用移液管,不正确扣 2 分; 稀释倍数不正确,致使吸光度超出要求范围或在第一、第二点范围内,扣 5 分		
(五)	数据记录和结果计算	12			
1	原始记录	3	数据未直接填写在报告单上、数据不全、有空项,每项扣 0.5 分,可累计扣分; 原始记录中,缺少计量单位或错误,每出现一次扣 0.5 分; 没有进行仪器使用登记,扣 1 分		
2	结果计算	9	回归方程中 a、b 未保留 4 位有效数字,每项扣 1 分; r 未保留到小数点后 4 位,扣 1 分; 测定结果表述不正确,扣 1 分; 回归方程计算错误或没有算出,扣 5 分		
(六)	文明操作	6			
1	实训台面	2	实训过程中台面、地面脏乱,一次性扣 2 分		
2	实训结束清洗仪器、试剂物品归位	2	实训结束未先清洗仪器或试剂物品未归位就完成报告,一次性扣 2 分		

表 3-5(续 2)

序号	考核点	分值	评分标准	扣分	得分
3	仪器损坏	2	仪器损坏,一次性扣 2 分		
(七)	测定结果	28			
1	校准曲线线性	8	$r \geq 0.9999$,不扣分; $r=0.9991 \sim 0.9998$,扣 1~8 分; $r<0.9990$,不得分		
2	测定结果精密度	10	$\|\overline{R_d}\| \leq 0.5\%$,不扣分; $0.5\%<\|\overline{R_d}\| \leq 0.6\%$,扣 1 分; $0.6\%<\|\overline{R_d}\| \leq 0.7\%$,扣 2 分; $0.7\%<\|\overline{R_d}\| \leq 0.8\%$,扣 3 分,依此类推; $1.3\%<\|\overline{R_d}\| \leq 1.4\%$,扣 9 分; $\|\overline{R_d}\|>1.4\%$或测定结果少于 3 个,扣 10 分		
3	测定结果准确度	10	测定结果:测定值在 保证值±0.5%内,不扣分; 保证值±0.6%内,扣 1 分; 保证值±0.7%内,扣 2 分,依此类推; 保证值±1.4%内,扣 9 分; 保证值±1.4%外,或测定结果少于 3 个,扣 10 分		
合计					

任务四　石油类的测定

石油类是指在规定条件下能被特定溶剂萃取并被测量的所有物质,包括被溶剂从酸化的样品中萃取并在试验过程中不挥发的所有物质。水体中的石油类主要来自工业废水和生活污水。工业废水中石油类(各种烃类的混合物)污染物主要来自原油的开采、加工、运输以及各种炼制油的使用等行业,一般以浮油、分散油、乳化油、溶解油 4 种形态存在。石油类碳氢化合物漂浮于水体表面,将影响空气与水体界面氧的交换;分散于水中以及吸附于悬浮微粒上或以乳化状态存在于水中的油,可被微生物氧化分解,消耗水中的溶解氧,使水质恶化。

一、预习思考

(1)预习《水质 石油类和动植物油类的测定 红外分光光度法》(HJ 637—2018)。

(2)测定过程中空白值偏高,影响因素有哪些?如何降低?

(3)红外分光光度计和紫外可见分光光度计有什么不同?

二、实训目的

(1)掌握红外分光光度计的使用方法。

(2)掌握红外分光光度法测定石油类的方法。

三、原理

用四氯化碳萃取样品中的油类物质,然后将萃取液用硅酸镁吸附,去除动、植物油等极性物质后,测定石油类。石油类的含量由波数分别为 2 930 cm^{-1}(CH_2基团中 C—H 键的伸缩振动)、2 960 cm^{-1}(CH_3 基团中 C—H 键的伸缩振动)和 3 030 cm^{-1}(芳香环中 C—H 键的伸缩振动)谱带处的吸光度 $A_{2\,930}$、$A_{2\,960}$和 $A_{3\,030}$ 进行计算。

四、实训准备

(一)样品的采集和保存

油类物质要单独采样,不允许在实验室内再分样。采样时,应连同表层水一并采集,并在样品瓶上做一标记,用以确定样品体积。当只测定水中乳化状态和溶解性油类物质时,应避开漂浮在水体表面的油膜层,在水面下 20~50 cm 处取样。当需要报告一段时间内油类物质的平均浓度时,应在不同时间间隔内分别采样后分别测定。

选用硬质玻璃瓶盛装水样,采集地表水和地下水时选用 1 000 mL 样品瓶,采集工业废水和生活污水时选用 500 mL 样品瓶。容器的洗涤方法采用Ⅰ法(HJ 493—2009 规定,洗涤剂洗 1 次,自来水洗 2 次,(1:3)HNO_3 荡洗 1 次,自来水洗 3 次, 蒸馏水洗 1 次)。

样品如不能在 24 h 内测定,采样后应加盐酸酸化至 pH≤2,并于 2~5 ℃下冷藏保存,3 d 内测定。

(二)实训仪器和试剂

1. 实训仪器

(1)红外分光光度计、旋转振荡器、聚四氟乙烯旋塞分液漏斗、G-1 型 40 mL 玻璃砂芯漏斗等。

(2)吸附柱:内径为 10 mm、长约 200 mm 的玻璃柱。出口处填塞少量用四氯化碳浸泡并晾干的玻璃棉,将硅酸镁缓缓倒入玻璃柱中,边倒边轻轻敲打,填充高度约为 80 mm。

2. 实训试剂

(1)四氯化碳:在 2 800~3 100 cm^{-1} 之间扫描,不应出现锐峰,其吸光度值应不超过 0.12(40 mm 比色皿、空气池作参比)。

(2)无水硫酸钠:在 550 ℃下加热 4 h,冷却后装入磨口玻璃瓶中,置于干燥器内贮存。

(3)硅酸镁(60~100 目):取硅酸镁于瓷蒸发皿中,置于马弗炉内 550 ℃下加热 4 h,在炉内冷却至约 200 ℃后,移入干燥器中冷却至室温,于磨口玻璃瓶内保存。使用时,称取适量的硅酸镁于磨口玻璃瓶中,根据硅酸镁的质量,按 6%的质量比例加入适量的蒸馏水,密塞并充分振荡数分钟,放置约 12 h 后使用。

(4)正十六烷标准储备液(ρ=1 000 mg/L):称取 0.100 0 g 正十六烷(光谱纯)于 100 mL 容量瓶中,用四氯化碳定容,摇匀。

(5)异辛烷标准储备液(ρ=1 000 mg/L):称取 0.100 0 g 异辛烷(光谱纯)于 100 mL 容量瓶中,用四氯化碳定容,摇匀。

(6)苯标准储备液(ρ=1 000 mg/L):称取 0.100 0 g 苯(光谱纯)于 100 mL 容量瓶中,用四氯化碳定容,摇匀。

五、实训操作

(一)分析测试

1. 样品的制备——工业废水或生活污水

将 500.0 mL(1 000 mL)样品转移至 1 000 mL(2 000 mL)分液漏斗中,量取 50.0 mL(25.0 mL)四氯化碳洗涤样品瓶后,全部转移至分液漏斗中。振荡 3 min,并经常开启旋塞排气,静置分层后,将下层有机相转移至已加入 5.0 g (3.0 g)无水硫酸钠的具塞磨口锥瓶中,摇动数次。如果无水硫酸钠全部结晶成块,需要补加无水硫酸钠,静置。将上层水相全部转移至 1 000 mL(2 000 mL)量筒中,测量样品体积并记录。

将萃取液分为两份,一份可直接测定总油 。另一份加入 5.0 g(3.0 g)硅酸镁,置于旋转振荡器上,以 180~200 r/min 的速度连续振荡 20 min,静置沉淀后,上清液经玻璃砂芯漏斗过滤至具塞磨口锥形瓶中,用于测定石油类。

注意,若样品为地表水或地下水时,应使用括号内数据进行操作。

2. 样品测定

将经硅酸镁吸附后的萃取液转移至 40 mm 比色皿中,以四氯化碳为参比溶液,于 2 930 cm^{-1}、2 960 cm^{-1} 和 3 030 cm^{-1} 处测量其吸光度 $A_{2\,930}$、$A_{2\,960}$ 和 $A_{3\,030}$,从而计算石油类的浓度。

3. 空白试验

以蒸馏水代替水样,按照样品制备与测定相同步骤,做全程序空白试验,其测定结果应低于检出限。

4. 校正系数的测定

分别量取 2.00 mL 正十六烷标准储备液、2.00 mL 异辛烷标准储备液和 10.00 mL 苯标准储备液于 3 个 100 mL 容量瓶中,用四氯化碳定容至标线,摇匀。正十六烷、异辛烷和苯标准溶液的浓度分别为 20 mg/L、20 mg/L 和 100 mg/L。

用四氯化碳作参比溶液,使用 40 mm 比色皿,分别测量正十六烷、异辛烷和苯标准溶液在 2 930 cm^{-1}、2 960 cm^{-1} 和 3 030 cm^{-1} 处的吸光度 $A_{2\,930}$、$A_{2\,960}$ 和 $A_{3\,030}$。按下式计算校正系数 X、Y、Z:

$$\rho = XA_{2\,930} + YA_{2\,960} + Z\left(A_{3\,030} - \frac{A_{2\,930}}{F}\right)$$

式中　ρ——四氯化碳中总油的含量，mg/L；

$A_{2\,930}$、$A_{2\,960}$、$A_{3\,030}$——各对应波数下测得的吸光度；

X、Y、Z——与各种 C—H 键吸光度相对应的系数；

F——脂肪烃对芳香烃影响的校正因子，即正十六烷在 2 930 cm^{-1} 与 3 030 cm^{-1} 处的吸光度之比。

对于正十六烷和异辛烷而言，其芳香烃含量为零，即 $A_{3\,030}-\frac{A_{2\,930}}{F}=0$。

（二）原始数据记录

认真填写石油类测定原始数据记录表（表 3-6）。

（三）实训室整理

（1）将样品室内比色皿取出，合上样品室盖。

（2）关闭计算机、仪器电源开关。

（3）将比色皿等器皿清洗干净，物归原处。

（4）清理实训台面和地面，保持实训室干净整洁。

（5）检查实训室用水、用电是否处于安全状态。

六、数据处理

样品中石油类的浓度按下式计算：

$$\rho=\left[XA_{2\,930}+YA_{2\,960}+Z\left(A_{3\,030}-\frac{A_{2\,930}}{F}\right)\right]\frac{V_0 D}{V_W}$$

式中　ρ——样品中石油类的浓度，mg/L；

X、Y、Z、F——校正系数；

$A_{2\,930}$、$A_{2\,960}$、$A_{3\,030}$——各对应波数下测得经硅酸镁吸附后滤出液的吸光度；

V_0——萃取溶剂的体积，mL；

V_W——样品的体积，mL；

D——萃取液的稀释倍数。

七、实训报告

按照实训报告的格式要求认真填写。

八、实训总结

（1）该方法适用于地表水、地下水、工业废水和生活污水中石油类和动植物油类的测定。当样品体积为 1 000 mL，萃取液体积为 25 mL，使用 40 mm 比色皿时，检出限为 0.01 mg/L，测定下限为 0.04 mg/L；当样品体积为 500 mL，萃取液体积为 50 mL，使用 40 mm 比色皿时，检出限为 0.04 mg/L，测定下限为 0.16 mg/L。

(2)当萃取液中油类化合物浓度大于仪器的测定上限时,应在硅酸镁吸附前稀释萃取液。

(3)在样品制备过程中,吸附分离也可采用吸附柱法,即取适量的萃取液流过硅酸镁吸附柱,弃去前 5 mL 滤出液,余下部分接入锥形瓶中,用于测定石油类。

(4)若红外分光光度计出厂时设定了校正系数,可直接按下述方法进行校正系数的检验。

以四氯化碳为溶剂,分别配制石油类标准溶液的浓度为 2 mg/L、5 mg/L、20 mg/L、50 mg/L、100 mg/L。

用四氯化碳作参比溶液,使用 40 mm 比色皿,于 2 930 cm^{-1}、2 960 cm^{-1} 和 3 030 cm^{-1} 处分别测量上述石油类标准溶液的吸光度 $A_{2\,930}$、$A_{2\,960}$ 和 $A_{3\,030}$,按照下式计算测定浓度:

$$\rho = XA_{2\,930} + YA_{2\,960} + Z\left(A_{3\,030} - \frac{A_{2\,930}}{F}\right)$$

如果测定值与标准值的相对误差在±10%以内,则校正系数可采用,否则重新测定校正系数并检验,直至符合条件为止。

九、实训考核

实训考核评分标准详见石油类测定的操作评分表(表 3-7)。

表 3-6　石油类测定原始数据记录表

样品种类________　　分析方法________　　分析日期____年____月____日

<table>
<tr><td rowspan="6">样品测定</td><td colspan="2">样品前处理</td><td rowspan="2">萃取溶液体积/mL</td><td rowspan="2">定容体积/mL</td><td rowspan="2">稀释倍数</td><td colspan="3">样品吸光度</td><td rowspan="2">石油类浓度/(mg · L⁻¹)</td></tr>
<tr><td>样品体积</td><td>萃取溶剂体积/mL</td><td>3 030 cm⁻¹</td><td>2 960 cm⁻¹</td><td>2 930 cm⁻¹</td></tr>
<tr><td></td><td></td><td></td><td></td><td></td><td></td><td></td><td></td><td></td></tr>
<tr><td></td><td></td><td></td><td></td><td></td><td></td><td></td><td></td><td></td></tr>
<tr><td></td><td></td><td></td><td></td><td></td><td></td><td></td><td></td><td></td></tr>
<tr><td></td><td></td><td></td><td></td><td></td><td></td><td></td><td></td><td></td></tr>
<tr><td rowspan="4">标准化记录</td><td colspan="2">仪器名称</td><td>仪器编号</td><td>萃取液名称</td><td>扫描次数</td><td>参比溶液</td><td>比色皿/mm</td><td>室温/℃</td><td>湿度</td></tr>
<tr><td colspan="2"></td><td></td><td></td><td></td><td></td><td></td><td></td><td></td></tr>
<tr><td colspan="5" rowspan="2">计算公式:</td><td colspan="4">校正系数</td></tr>
<tr><td>X=</td><td>Y=</td><td>Z=</td><td>F=</td></tr>
</table>

分析人________　　校对人________　　审核人________

表 3-7　石油类测定的操作评分表

班级________　学号________　姓名________　成绩________
考核日期________　开始时间________　结束时间________　考评员________

序号	考核点	分值	评分标准	扣分	得分
(一)	仪器准备	4			
1	玻璃仪器洗涤	2	玻璃仪器洗涤干净后内壁应不挂水珠,否则一次性扣 2 分		
2	分光光度计预热 20 min	2	仪器未进行预热或预热时间不够,扣 1 分; 打开盖子预热,不正确扣 1 分		
(二)	样品的制备	36			
1	萃取操作	18	未用四氯化碳洗涤样品瓶,扣 2 分; 分液漏斗活塞不应涂凡士林,不正确扣 1 分; 分液漏斗的拿取方法不正确,扣 2 分; 振摇过程中未开启活塞排气,扣 3 分; 未待静置分层即放液,扣 3 分; 放液时分液漏斗颈未紧靠锥形瓶内壁,扣 1 分; 上层水相转移损失,扣 2 分; 量筒读数或记录不正确,扣 4 分		
2	吸附操作	18	吸附剂选择不正确,扣 4 分; 吸附剂加入量不正确,扣 4 分; 振荡时间不够,扣 3 分; 振荡频率不正确,扣 3 分; 振荡后未静置,扣 2 分; 上清液未全部转移至过滤装置,扣 2 分		
(三)	红外分光光度计的使用	32			
1	测定前的准备	10	开机顺序不正确,扣 2 分; 未进行初始化,扣 2 分; 测定前的准备扫描波长范围选择不正确,扣 2 分; 未设置扫描参数或设置不正确,扣 2 分; 未设置扫描次数,扣 2 分		
2	测定操作	15	用水洗涤比色皿或比色皿未控干,扣 2 分; 比色皿光程选择不正确,扣 1 分; 手触及比色皿透光面,扣 1 分; 加入溶液高度不正确,扣 1 分; 比色皿外壁溶液处理不正确,扣 1 分; 开关样品室不当,扣 1 分; 测定时未关闭样品室盖,扣 1 分; 未进行背景测定,扣 1 分; 参比溶液选择不正确,扣 2 分; 吸光度读数不准确或重新取液测定,扣 4 分		

表 3-7(续)

序号	考核点	分值	评分标准	扣分	得分
3	测定过程中仪器被溶液污染	2	比色皿放在分光光度计仪器表面,扣 1 分; 样品室被洒落溶液污染或未及时彻底清理干净,扣 1 分		
4	测定后的处理	5	测定后未取出比色皿或未洗涤,扣 2 分; 没有倒尽控干比色皿,扣 1 分; 测定结束关机顺序不正确,扣 1 分; 未关闭仪器电源,扣 1 分		
(四)	校正系数的测定	8	标准溶液配制过程中移液管操作不规范,扣 1 分; 标准溶液配制过程中容量瓶操作不规范,扣 1 分; 校正系数计算错误,扣 6 分		
(五)	数据记录和结果计算	14			
1	原始记录	3	数据未直接填写在报告单上、数据不全、有空项,每项扣 0.5 分,可累计扣分,但不超过 2 分; 没有进行仪器使用登记,扣 1 分		
2	测定结果	11	有效数字不正确,扣 1 分; 计算结果错误,扣 3 分; 平行测定的相对标准偏差超出要求,扣 7 分		
(六)	文明操作	6			
1	实训台面	2	实训过程中台面、地面脏乱,一次性扣 2 分		
2	实训结束清洗仪器、试剂物品归位	2	实训结束未先清洗仪器或试剂物品未归位,一次性扣 2 分		
3	仪器损坏	2	仪器损坏,一次性扣 2 分		
合计					

任务五　粪大肠菌群的测定

粪大肠菌群是总大肠菌群中的一部分,主要来自粪便。在 44.5 ℃下能生长并发酵乳糖能产酸产气的大肠菌群称为粪大肠菌群。城市污水既包括人们生活排出的洗浴污水、粪尿,也包括公共设施排出的废水,如医院废水、工业废水等。这些污水、废水都有可能带来大量的病毒和致病菌。由于病菌类别多样,对每一种病菌进行分析又十分复杂,因此通常采用最有代表性的粪大肠菌群指标反映水的卫生质量。

一、预习思考

(1)预习《水质 粪大肠菌群数的测定》(HJ/T 347—2007)。

(2)了解滤膜法测定及滤膜法测定的适用范围。

二、实训目的

(1)掌握滤膜法测定粪大肠菌群的原理。

(2)掌握滤膜法测定粪大肠菌群的步骤。

(3)了解粪大肠菌群对评价水质状况的重要性。

三、实训原理

滤膜是一种微孔性薄膜。将水样注入已灭菌的放有滤膜(孔径 0.45 μm)的滤器中,经过抽滤,细菌被截留在膜上,然后将滤膜贴于 M-FC 培养基上,在 44.5 ℃下进行培养。计数滤膜上生长的此特性的菌落数,计算出每升水样中含有的粪大肠菌群数。

四、培养基和试剂

(一)培养基

1. M-FC 培养基的制备

将表 3-8 培养基中的成分(除苯胺蓝和玫瑰色酸外)置于蒸馏水中加热溶解,调节 pH 为 7.4,分装于小烧瓶内,每瓶 100 mL,在 115 ℃下灭菌 20 min,储于冰箱中备用。临用前,按上述配方比例,用灭菌吸管分别加入已煮沸灭菌的 1%苯胺蓝溶液 1 mL 及新配制的 1%玫瑰色酸溶液(溶于 0.2 mol/L 氢氧化钠液中)1 mL,混合均匀。加热溶解前,加入 1.2%~1.5%琼脂可制成固体培养基。如培养物中杂菌不多,则培养基中不加玫瑰色酸亦可。

表 3-8　M-FC 培养基的成分

名称	数量/g	名称	数量/g	名称	数量/mL
胰胨	10	乳糖	12.5	1%玫瑰色酸溶液(溶丁 0.2 mol/L 氢氧化钠溶液中)	10
蛋白胨	5	氯化钠	5	1%苯胺蓝水溶液	10
酵母浸膏	3	胆盐三号	1.5	蒸馏水	1 000

2. 培养基的存放

在密封瓶中的脱水培养基成品要存放在大气湿度低、温度低于 30 ℃的暗处,存放时应避免阳光直接照射,并且要避免杂菌侵入和液体蒸发。当培养液颜色变化或体积变化明显时废弃不用。

136

（二）试剂

本实训所用试剂除另有注明外，均为符合国家标准的分析纯化学试剂，实训用水为新制备的去离子水。

五、实训步骤

1. 水样量选择

根据细菌受检验的特征和水样中预测的细菌密度而定。如未知水样中粪大肠菌的密度，就应按表 3-9 所列体积过滤水样，得到水样的粪大肠杆菌密度。先估计出适合在滤膜上计数所应使用的体积，然后再取这个体积的 1/10 和 10 倍，分别过滤。理想的水样体积是一片滤膜上生长 20~60 个粪大肠菌群菌落，总菌落数不得超过 200 个。使用的水样量可参考表 3-9（打"×"项）。

表 3-9　水样量

水样种类	检测方法	接种量/mL								
		100	50	10	1	0.1	10^{-2}	10^{-3}	10^{-4}	10^{-5}
较清洁的湖水	滤膜法	×	×	×						
一般的江水	滤膜法		×	×	×					
城市内的河水	滤膜法				×	×	×			
城市原污水	滤膜法					×	×	×		

2. 滤膜及滤器灭菌

将滤膜放入烧杯中，加入蒸馏水，置于沸水浴中煮沸灭菌 3 次，每次 15 min。前两次煮沸后需更换水洗涤 2~3 次，以除去残留溶剂。也可在 121 ℃下灭菌 10 min 后迅速将蒸汽放出，这样可以尽量减少滤膜上凝集的水分。滤器、接液瓶和垫圈分别用纸包好，在使用前先经 121 ℃高压蒸汽灭菌 30 min。滤器也可用点燃的酒精棉球火焰灭菌。

3. 过滤装置的安装

以无菌操作把滤器装置依照图 3-2 装好。

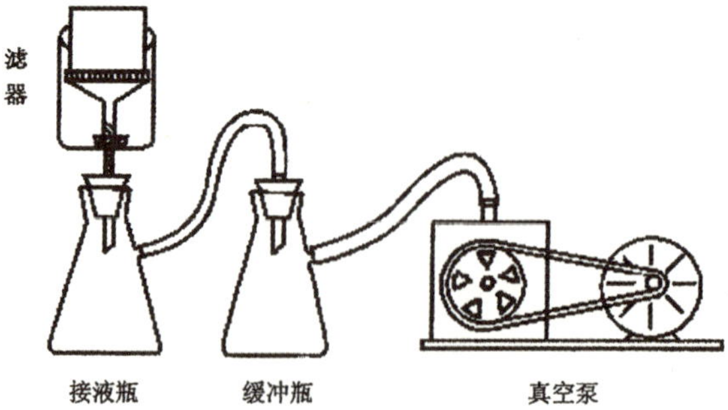

图 3-2　无菌操作滤器装置

4. 过滤

用无菌镊子夹取灭菌滤膜边缘，将粗糙面向上，贴放在已灭菌的滤床上，稳妥地固定好滤器。将适量的水样注入滤器中，加盖，开动真空泵即可抽滤除菌。

5. 培养

使用 M-FC 培养基。不含琼脂的培养基使用已用 M-FC 培养基饱和的无菌吸收垫。将滤过水样的滤膜置于琼脂或吸收垫表面。将培养皿紧密盖好后，置于能准确恒温于(44.5±0.5)℃ 的恒温培养箱中，经(24±2)h 培养。

六、结果计算

粪大肠菌群菌落在 M-FC 培养基上呈蓝色或蓝绿色，其他非粪大肠菌群菌落呈灰色、淡黄色或无色。在正常情况下，由于温度和玫瑰酸盐试剂的选择性作用，在 M-FC 培养基上很少见到非粪大肠菌群菌落。必要时可将可疑菌落接种于 EC 培养液，(44.5±05)℃培养(24±2)h，如产气则证实为粪大肠菌群。

计数呈蓝色或蓝绿色的菌落，计算出每升水样中的粪大肠菌群数。

$$\text{粪大肠菌群菌落数(个/L)} = \frac{\text{滤膜上生长的粪大肠菌群菌落数} \times 1\,000}{\text{过滤水样量(mL)}}$$

七、实训报告

按照实训报告的格式要求认真填写。

项目四　环境空气质量监测

任务一　校园空气质量监测方案的制定

一、实训目的

(1)在资料收集、现场调查的基础上,掌握监测项目的确定。

(2)掌握监测分析方法的选择。

(3)掌握采样点布设、采样方法、采样时间与采样频次的确定。

(4)合理书写校园空气质量监测方案,做到内容完整,表述准确。

(5)培养团结协作精神及处理实际问题的能力。

二、资料收集和现场调查

空气中的污染物具有随时间、空间变化大的特点。污染源的分布、排放量及地形、地貌、气象等条件都会影响空气污染物的时空分布及其浓度。

1. 校园空气污染源调查

校园空气污染源调查主要调查校园内及其周边空气污染源类型、数量、位置、排放的主要污染物、排放方式和排放量,以及污染源所用原料、燃料、消耗量,为空气环境监测项目、采样时间等选择提供依据。

2. 气象资料收集

气象资料收集主要收集校园所在地气象站(台)近年的气象数据,包括风向、风速、气温、气压、降水量、相对湿度等。

3. 收集以往的校园空气质量监测资料

三、监测项目的确定

通过对校园空气环境的分析,根据《环境空气质量标准》(GB 3095—2012)和校园空气污染源排放的特征污染物来确定监测项目,其中《环境空气质量标准》中规定的基本项目有SO_2、NO_2、CO、O_3、PM_{10}、$PM_{2.5}$。

四、监测分析方法的确定

根据《环境空气质量标准》(GB 3095—2012)和《环境空气质量手工监测技术规范》(HJ 194—2017)进行分析方法的选择，应选用国家环境保护标准、环境保护行业标准规定的方法。选择分析方法时，还应考虑监测对象的浓度水平和分析方法的检出限。

五、样品采集

1. 监测点布设

环境空气质量监测的布点方法主要有功能区布点法、网格布点法、同心圆布点法和扇形布点法。根据污染源的位置、排放方式及当地的地形、地貌、气象等条件，结合校园环境各功能区的要求，可采用以一种布点方法为主，兼用其他方法的综合布点法。监测点位的布设原则和要求按《环境空气质量监测点位布设技术规范(试行)》(HJ 664—2013)的规定执行。各监测点具体位置应在总平面布置图上注明。

2. 采样时间和采样频次

(1) SO_2、NO_2、CO、O_3、NO_x 的 1 小时平均浓度：每小时至少有 45 min 的采样时间。

(2) O_3 的 8 h 平均浓度：每 8 h 至少有 6 h 平均浓度值。

(3) SO_2、NO_2、CO、PM_{10}、$PM_{2.5}$、NO_x 的 24 h 平均浓度：每日至少有 20 h 平均浓度值或采样时间；TSP、B[a]P、Pb 的 24 h 平均浓度：每日应有 24 h 的采样时间。

3. 采样方法

采集空气的方法有直接采样法和富集(浓缩)采样法。当空气中的被测组分浓度比较高，或者选用的监测方法灵敏度高时，可选用直接采样法；当空气中的污染物质浓度比较低，直接采样不能满足分析方法检出限的要求时，需采用富集采样法。采样结束后，填写空气采样原始数据记录表(气态污染物现场采样记录表)(表 4-1)。

六、监测分析

分析用的各种试剂和纯水的质量必须符合分析方法的要求。监测样品应及时分析，否则必须按监测项目的要求保存，并在规定的期限内分析完毕。每批样品应做全程空白样，实验室内进行质控样、平行样或加标回收样品的测定。

七、监测结果处理与评价

各污染物项目的数据统计结果按照 GB/T 8170—2008 中规则进行修约，浓度单位及保留小数位数要求如下：SO_2、NO_2、PM_{10}、$PM_{2.5}$、O_3、TSP 和 NO_x 的计算结果($\mu g/m^3$)保留到整数位；Pb、B[a]P 的计算结果($\mu g/m^3$)分别保留 2 位、4 位小数；CO 的计算结果(mg/m^3)保留 1 位小数；超标倍数保留 2 位小数。

单项目评价：以 GB 3095—2012 中污染物的浓度限值为依据，对各监测项目的评价指标进行达标情况判断，超标的监测项目计算其超标倍数。多项目综合评价达标是指评价时段内所有基本评价项目均达标。多项目综合评价的结果包括：空气质量达标情况、超标污染物及超标倍数(按照大小顺序排列)。通过分析校园空气质量现状，找出造成校园空气质量变化的原因，提出改善校园空气质量的建议及措施。

八、实训报告

按照空气质量监测方案的制定实训报告(表4-2)的格式要求认真填写。

表4-1　空气采样原始数据记录表(气态污染物现场采样记录表)

采样地点________　　　　污染物名称________

采样方法________　　　　采样仪器型号________

采样日期	样品编号	采样日期	采样时间			气温/℃	大气压/kPa	采样流量/(L·min⁻¹)	采样体积 V_s/M^3	天气状况
			开始	结束	累计/min					
备注										

采样人________　　　记录人________　　　校核人________

表4-2　空气质量监测监测方案的制定实训报告

班级		姓名		学号	
实训时间		实训地点		成绩	

批改意见：

教师签字：

表 4-2(续 1)

实训目的	

基础资料的收集

校园空气污染排放调查表

污染源名称	数量	位置	原辅材料	排放的主要污染物	废气排放量	排放方式	排气筒高度	治理措施

校园周边汽车尾气排放调查表

路段		××大街	××路	××路	××街
车流量/(辆/小时)	大型车				
	中型车				
	小型车				

气象资料的收集

气象资料收集内容

项目	收集内容
风向	主导风向、次主导风向及频率等
风速	年平均风速、最大风速、最小风速、年静风频率等
气温	年平均气温、最高气温、最低气温等
降水量	平均年降水量、每日最大降水量等
相对湿度	年平均相对湿度

监测点位的布设

监测点位设置情况表

序号	
1	
2	

表 4-2(续 2)

监测点位平面分布图

监测点位平面分布图

监测项目的确定

监测项目选择表

基本项目	
其他项目	

分析方法的确定

监测项目的分析方法及检出下限表

序号	监测项目	分析方法	标准代码	检出下限
1				
2				

监测结果统计

校园环境空气监测结果统计表

监测项目	测定名称	是否达标	1 h 平均			8 h 平均			24 h 平均		
			标准值	监测结果	超标倍数	标准值	监测结果	超标倍数	标准值	监测结果	超标倍数

表 4-2(续 3)

空气质量评价及合理化建议	

任务二　PM_{10} 和 $PM_{2.5}$ 的测定

PM_{10} 指悬浮在空气中,空气动力学当量直径≤10 μm 的颗粒物;$PM_{2.5}$ 指悬浮在空气中,空气动力学当量直径≤2.5 μm 的颗粒物。环境空气中 PM_{10} 和 $PM_{2.5}$ 手工测定的分析方法为《环境空气 PM_{10} 和 $PM_{2.5}$ 的测定 重量法》(HJ 618—2011)。《环境空气颗粒物($PM_{2.5}$)手工监测方法(重量法)技术规范》(HJ 656—2013)对 $PM_{2.5}$ 的测定也做了相应的要求。

一、预习思考

(1)重量法测定 PM_{10} 和 $PM_{2.5}$ 的原理。

(2)样品采集前应准备哪些工作?

(3)如何正确安装滤膜?

(4)采样结束后,滤膜如何处理? 无效的滤膜有何特征?

(5)滤膜称量的要点有哪些?

(6)何为标准滤膜及如何使用标准滤膜?

二、实训目的

(1)掌握分析天平的使用方法。

(2)掌握重量法测定环境空气中的 PM_{10} 和 $PM_{2.5}$。

三、原理

分别通过具有一定切割特性的采样器,以恒速抽取定量体积的空气,使环境空气中 PM_{10} 和 $PM_{2.5}$ 被截留在已知质量的滤膜上,根据采样前后滤膜的重量差和采样体积,计算

出 PM_{10} 和 $PM_{2.5}$ 的质量浓度。方法检出限为 10 μg/m^3(以感量 0.1 mg 分析天平,样品负载量为 1.0 mg,采集 108 m^3 空气样品计)。

四、仪器和材料

(1)中流量采样器:采气流量为 100 L/min,配有 PM_{10} 切割器和 $PM_{2.5}$ 切割器。

(2)滤膜:可根据监测目的选用玻璃纤维滤膜、石英滤膜等无机滤膜或聚四氟乙烯、聚氯乙烯、聚丙烯、混合纤维素等有机滤膜。滤膜对 0.3 μm 标准粒子的截留效率不低于 99%。

(3)恒温恒湿箱:箱内空气温度在 15~30 ℃范围内可调,控温精度±1 ℃;箱内空气相对湿度应控制在 45%~55%。恒温恒湿箱可连续工作。

(4)分析天平:感量 0.1 mg 或 0.01 mg。

(5)温度计:测量范围为-30~50 ℃,精度为±0.5 ℃。

(6)气压计:测量范围为 50~107 kPa,精度为±0.1 kPa。

(7)湿度计:测量范围为 10%~100%RH,精度为±5% RH。

五、实训操作

(一)样品采集

1. 采样前准备

(1)切割器清洗:切割器应定期清洗,一般情况下累计采样 168 h 应清洗一次,如遇扬尘、沙尘暴等恶劣天气,应及时清洗。

(2)环境温度检查和校准:每次采样前检查一次,若采样器的环境温度测量示值误差超过±2 ℃,应对采样器进行温度校准。

(3)环境大气压检查和校准:每次采样前检查一次,若采样器的环境大气压测量示值误差超过±1 kPa,应对采样器进行压力校准。

(4)气密性检查:应定期检查,检查周期通常为一个月,操作方法可参见 HJ 656—2013 附录 A。

(5)采样流量检查:一般情况下累计采样 168 h 检查一次,若流量测量误差超过采样器设定流量的±2%,应对采样流量进行校准。采样流量校准方法参见 HJ 656—2013 附录 B。

(6)滤膜检查:滤膜应边缘平整、厚薄均匀、无毛刺、无污染,不得有针孔或任何破损。有机滤膜检查方法参见 HJ 656—2013 附录 C。

(7)采样前空白滤膜称量:按实训操作中(三)将滤膜平衡处理至恒重,称量,记录称量环境条件和滤膜质量,将称量后的滤膜放入滤膜保存盒中备用。

2. 样品采集

(1)采样环境

①采样器入口距地面或采样平台的高度不低于 1.5 m。

②当多台中流量采样器平行采样时,相互之间的距离为 1 m 左右。

③若测定交通枢纽处 PM_{10} 和 $PM_{2.5}$，采样点应布置在距人行道边缘外侧 1 m 处。

④采样不宜在风速大于 8 m/s 等天气条件下进行。

(2)采样时间

①测定 PM_{10} 和 $PM_{2.5}$ 日平均浓度，每日采样时间应不少于 20 h。

②采样时间应保证滤膜上的颗粒物负载量不少于称量天平检定分度值的 100 倍。

(3)采样方法

①采样时，将已编号并称量过的滤膜毛面朝进气方向，用镊子放入洁净滤膜夹内的滤网上，将滤膜牢固压紧至不漏气。

②将滤膜夹正确放入采样器中，设置采样时间等参数，启动采样器采样。

③采样结束后，用镊子取出滤膜，将有尘面两次对折，放入滤膜保存盒中，并做好采样记录。

(4)空白滤膜的配置

将空白滤膜和采样滤膜一起运送至采样地点，不采样并保持和采样滤膜相同的时间，与采样后的滤膜一起运回实验室，并一起进行恒重、称量。空白滤膜前、后两次称量质量之差应远小于采样滤膜上的颗粒物负载量，否则此批次采样监测数据无效。

(二)样品保存

滤膜采集后，应尽快平衡称量；如不能及时平衡称量，应在 4 ℃条件下密闭冷藏保存，最长不超过 30 d。

(三)样品称量

1. 滤膜平衡条件

将滤膜放在恒温恒湿箱中平衡 24 h，平衡条件为：温度取 15~30 ℃中任意一点，相对湿度控制在 45%~55%范围内，记录平衡温度与湿度。应确保滤膜与空白滤膜平衡条件一致。

2. 天平室称量条件

天平室温、湿度条件应与恒温恒湿箱保持一致。

3. 滤膜称量

滤膜平衡后用分析天平进行称量，记录滤膜质量和编号等信息。滤膜首次称量后，在相同条件平衡 1 h 后需再次称量。以两次称量结果的平均值作为滤膜称重值。对于 PM_{10} 和 $PM_{2.5}$ 颗粒物样品滤膜，两次重量之差分别小于 0.4 mg 或 0.04 mg 为满足恒重要求，超出以上范围则该滤膜作废。

4. 滤膜称量质量控制

(1)标准滤膜的制作：取空白滤膜若干张，在恒温恒湿箱内，按平衡条件平衡 24 h，称重。每张滤膜非连续称量 10 次以上，计算 10 次称量结果的平均值作为该张滤膜的原始质量，上述滤膜称为“标准滤膜”，标准滤膜的 10 次称量应在 30 min 内完成。

(2)标准滤膜的使用：每批次称量采样滤膜同时，应称量至少一张“标准滤膜”。若标准滤膜的称量结果在原始质量±0.5 mg（中流量采样）范围内，则认为该批次滤膜称量合格；否则应检查称量环境条件是否符合要求并重新称量该批次滤膜。

（四）原始记录

认真填写 PM_{10} 和 $PM_{2.5}$ 现场采样记录表（表 4-3）、滤膜平衡及称量记录表（表 4-4）。

（五）实训室整理

（1）将分析天平回零，关闭仪器，拔掉电源插头，填写仪器使用记录。

（2）将空气采样器放回原处，填写仪器使用记录。

六、数据处理

空气中 PM_{10} 和 $PM_{2.5}$ 的浓度按下式计算：

$$\rho=\frac{W_1-W_0}{V_s}\times10^6$$

式中　ρ——PM_{10} 或 $PM_{2.5}$ 的浓度，μg/m^3；

W_1——采样后滤膜的质量，g；

W_0——空白滤膜的质量，g；

V_s——标准状态下（273.15 K，101.325 kPa）的采样体积，m^3。

计算结果保留到整数位。

七、实训报告

按照实训报告的格式要求认真填写。

八、实训总结

（1）采样器每次使用前需进行环境温度检查和校准、环境大气压检查和校准，定期进行切割器清洗、气密性检查和流量检查。

（2）滤膜使用前均需进行检查，不得有针孔或任何缺陷。

（3）要经常检查采样头是否漏气。当滤膜安装正确，采样系统无漏气时，采样后滤膜上颗粒物与四周白边之间界限应清晰；若出现界线模糊时，则表明有漏气，应检查滤膜安装是否正确，或者更换滤膜密封垫、滤膜夹。该滤膜样品作废。

（4）采样过程中应配置空白滤膜。

（5）称量前应检查分析天平的基准水平，并根据需要进行调节。为确保稳定性，分析天平应尽量处于长期通电状态。

（6）滤膜称量前应有编号，但不能直接标记在滤膜上；称量前应首先打开分析天平屏蔽门，至少保持 1 min，使分析天平称量室内温、湿度与外界达到平衡；称量时应消除静电影响并尽量缩短操作时间；称量过程中应同时称量标准滤膜进行称量环境条件的质量控制；采样前后，滤膜称量应使用同一台分析天平。

（7）当 PM_{10} 或 $PM_{2.5}$ 含量很低时，采样时间不能过短。对于感量为 0.1 mg 和 0.01 mg 的分析天平，滤膜上颗粒物负载量应分别大于 1 mg 和 0.1 mg，以减少称量误差。

九、实训考核

实训考核评分标准详见空气中 PM_{10} 和 $PM_{2.5}$ 测定的操作评分表(表 4-5)。

表 4-3　PM_{10} 和 $PM_{2.5}$ 现场采样记录表

采样地点________　　采样日期________　　采样器型号________
天气状况________　　相对湿度________

<table>
<tr><td colspan="2">环境温度检查</td><td colspan="4">环境大气压检查</td><td colspan="2">流量检查</td></tr>
<tr><td>采样器检查温度/℃</td><td>实际环境温度/℃</td><td colspan="2">采样器环境大气压/kPa</td><td colspan="2">实际环境大气压/kPa</td><td>采样流量/(L · min⁻¹)</td><td>实际流量/(L · min⁻¹)</td></tr>
<tr><td></td><td></td><td colspan="2"></td><td colspan="2"></td><td></td><td></td></tr>
<tr><td rowspan="2">采样器编号</td><td rowspan="2">滤膜编号</td><td colspan="4">采样时间</td><td rowspan="2">累计工况体积/m³</td><td rowspan="2">累计标况体积/m³</td></tr>
<tr><td>开始</td><td colspan="2">结束</td><td>累计/min</td></tr>
<tr><td></td><td></td><td></td><td colspan="2"></td><td></td><td></td><td></td></tr>
<tr><td></td><td></td><td></td><td colspan="2"></td><td></td><td></td><td></td></tr>
<tr><td colspan="2">异常情况说明及处置</td><td colspan="6"></td></tr>
</table>

采样人________　　审核人________　　日期________

表 4-4　滤膜平衡及称量记录表

日期________　　地点________　　天平型号与编号________
滤膜材质________　　采样滤膜编号________　　空白滤膜编号________

<table>
<tr><td rowspan="3">次数</td><td colspan="4">滤膜平衡条件</td><td colspan="4">天平型号与编号</td></tr>
<tr><td rowspan="2">温度/℃</td><td rowspan="2">湿度/%</td><td rowspan="2">开始时间</td><td rowspan="2">结束时间</td><td colspan="2">空白滤膜</td><td colspan="2">滤膜</td></tr>
<tr><td>温度/℃</td><td>湿度/%</td><td>温度/℃</td><td>湿度/%</td></tr>
<tr><td>采样前第一次</td><td></td><td></td><td></td><td></td><td></td><td></td><td></td><td></td></tr>
<tr><td>采样前第二次</td><td></td><td></td><td></td><td></td><td></td><td></td><td></td><td></td></tr>
<tr><td>采样后第一次</td><td></td><td></td><td></td><td></td><td></td><td></td><td></td><td></td></tr>
<tr><td>采样后第二次</td><td></td><td></td><td></td><td></td><td></td><td></td><td></td><td></td></tr>
<tr><td rowspan="2">次数</td><td colspan="4">滤膜称量</td><td colspan="4">标准滤膜检查</td></tr>
<tr><td>滤膜/g</td><td>平均值/g</td><td>空白滤膜/g</td><td>平均值/g</td><td>编号</td><td>原始质量/g</td><td>本次质量/g</td><td>结论</td></tr>
<tr><td>采样前第一次</td><td></td><td></td><td></td><td></td><td></td><td></td><td></td><td></td></tr>
<tr><td>采样前第二次</td><td></td><td></td><td></td><td></td><td></td><td></td><td></td><td></td></tr>
<tr><td>采样后第一次</td><td></td><td></td><td></td><td></td><td></td><td></td><td></td><td></td></tr>
<tr><td>采样后第二次</td><td></td><td></td><td></td><td></td><td></td><td></td><td></td><td></td></tr>
</table>

采样人________　　审核人________　　日期________

表 4-5 空气中 PM_{10} 和 $PM_{2.5}$ 测定的操作评分表

班级________ 学号________ 姓名________ 成绩________

考核日期________ 开始时间________ 结束时间________ 考评员________

序号	考核点	分值	评分标准	扣分	得分
(一)	采样前准备	14	未检查和校准环境温度,扣 2 分; 未检查和校准环境大气压,扣 2 分; 未检查滤膜,扣 2 分; 空白滤膜的平衡条件为:温度 15~30 ℃、相对湿度 45%~55%,不正确扣 4 分; 空白滤膜在恒温恒湿箱内平衡 24 h, 不正确扣 4 分		
(二)	分析天平 称量前准备	10	未清理分析天平的称量室,扣 2 分; 未检查分析天平的基准水平,扣 4 分; 称量前未打开分析天平屏蔽门至少保持 1 min,扣 2 分; 天平室温、湿度条件与恒温恒湿箱不一致,扣 2 分		
(三)	分析天平称量操作 (不允许重称)	16	平衡后的滤膜用镊子取出,不正确扣 4 分; 滤膜未放在分析天平称量室中央,扣 2 分; 称量时未关闭分析天平屏蔽门,扣 2 分; 滤膜上的颗粒物撒落,扣 4 分; 采样前后滤膜称量未使用同一台分析天平,扣 4 分		
(四)	分析天平 称量后处理	8	未关闭分析天平屏蔽门,扣 2 分; 未将分析天平回零,扣 2 分; 未填写分析天平使用记录,扣 2 分; 凳子未归位,扣 2 分		
(五)	样品采集	30	采样环境选择不合理,扣 2 分; 滤膜不得弯曲或折叠,不正确扣 2 分; 滤膜毛面朝进气方向,不正确扣 4 分; 用镊子将滤膜放在滤网上,不正确扣 2 分; 将滤膜夹放入采样器中,不正确扣 4 分; 设置采样器相关参数,不正确扣 4 分; 采样结束后,用镊子取出滤膜,不正确扣 4 分; 将滤膜有尘面两次对折,不正确扣 4 分; 未配置空白滤膜,扣 4 分		
(六)	样品称量	12	滤膜平衡条件与空白滤膜相同,不正确扣 4 分; 滤膜未进行两次平衡,扣 4 分; 滤膜称量时未使用标准滤膜,扣 4 分		

表 4-5(续)

序号	考核点	分值	评分标准	扣分	得分
(七)	原始数据记录和数据处理	10	数据未直接填在记录单上,每出现一次扣 2 分; 数据不全、有空项、字迹不工整,每出现一次扣 2 分; 有效数字运算不规范,一次性扣 3 分; 计算结果不正确,扣 3 分		
合计					

任务三　二氧化硫的测定

环境空气中二氧化硫的手工监测方法有《环境空气 二氧化硫的测定 甲醛吸收-副玫瑰苯胺分光光度法》(HJ 482—2009)和《环境空气二氧化硫的测定 四氯汞盐吸收-副玫瑰苯胺分光光度法》(HJ 483—2009),以下依据 HJ 482—2009。

一、预习思考

(1)测定空气中二氧化硫,主要干扰物有哪些?如何消除?

(2)配制亚硫酸钠溶液时,为何加入少量的乙二胺四乙酸二钠(EDTA-2Na)?

(3)PRA 做显色剂时,为何要对其进行提纯?

(4)二氧化硫标准储备溶液的标定方法。

(5)样品采集时的采气流量、采样时间和温度控制。

(6)何为现场空白?

(7)加入 PRA 时,在操作上有何要求?

(8)显色温度、显色时间的控制。

(9)用过的比色管和比色皿如何洗涤?

二、实训目的

(1)掌握分光光度计的使用方法。

(2)学会标准曲线定量方法。

(3)掌握甲醛法测定二氧化硫的步骤。

三、原理

1. 测定原理

二氧化硫被甲醛缓冲溶液吸收后,生成稳定的羟甲基磺酸加成化合物。在样品溶液中加入氢氧化钠使加成化合物分解,释放出的二氧化硫与副玫瑰苯胺、甲醛作用,生成紫红色化合物，用分光光度计在 577 nm 处测定。

2. 适用范围

(1) 当使用 10 mL 吸收液，采样体积为 30 L 时，测定空气中二氧化硫的检出限为 0.007 $\mu g/m^3$，测定下限为 0.028 $\mu g/m^3$，测定上限为 0.667 $\mu g/m^3$。

(2) 当使用 50 mL 吸收液，采样体积为 288 L，试份为 10 mL 时，测定空气中二氧化硫的检出限为 0.004 $\mu g/m^3$，测定下限为 0.014 $\mu g/m^3$，测定上限为 0.347 $\mu g/m^3$。

3. 干扰与消除

(1) 氮氧化物：加入氨磺酸钠。

(2) 臭氧：采样后放置一段时间，臭氧可自行分解。

(3) 某些金属离子：加入磷酸和环己二胺四乙酸二钠盐可消除或减小某些金属离子的干扰。在 10 mL 样品中存在 50 μg 钙、镁、铁、镍、镉、铜等离子及 5 μg 二价锰离子时不干扰测定。当 10 mL 样品中含有 10 μg 二价锰离子时，可使样品的吸光度降低 27%。

四、仪器和试剂

1. 所用仪器

(1) 空气采样器：流量范围为 0.1～1.0 L/min，采样器应定期在采样前进行气密性检查和流量校准。

(2) 可见光分光光度计。

(3) 多孔玻板吸收瓶：10 mL 多孔玻板吸收瓶，用于短时间采样；50 mL 多孔玻板吸收瓶，用于 24 h 连续采样。

(4) 恒温水浴器：0～40 ℃，控制精度为±1 ℃。

(5) 10 mL 具塞比色管。

2. 试剂配制

(1) 环己二胺四乙酸二钠溶液，c(CDTA-2Na) = 0.050 mol/L：称取 1.82 g 反式 1,2-环己二胺四乙酸二钠，加入 1.50 mol/L 的氢氧化钠溶液 6.5 mL，溶解后用水稀释至 100 mL。

(2) 甲醛缓冲吸收储备液：吸取 36%～38%的甲醛溶液 5.5 mL 和 0.050 mol/L 的 CDTA-2Na 溶液 20.00 mL；称取 2.04 g 邻苯二甲酸氢钾，溶解于少量水中；将 3 种溶液合并，用水稀释至 100 mL，储于冰箱，可保存 1 年。

(3) 甲醛缓冲吸收液：取 5 mL 储备液于 500 mL 容量瓶，用水稀释至标线。临用现配。

(4) NaOH 溶液，c(NaOH) = 1.50 mol/L。

(5) 氨磺酸钠溶液，$\rho(NaH_2NSO_3)$ = 6.0 g/L：称取 0.60 g 氨磺酸于烧杯中，加入 1.50 mol/L 氢氧化钠溶液 4.0 mL，搅拌至完全溶解后稀释至 100 mL，摇匀。此溶液密封保存可使用 10 d。

(6) 碘储备液，$c(1/2I_2)$ = 0.10 mol/L：称取 12.7g 碘于烧杯中，加入 40 g 碘化钾和 25 mL 水，搅拌至完全溶解，用水稀释至 1 000 mL，储存于棕色细口瓶中。

(7) 碘溶液，$c(1/2I_2)$ = 0.010 mol/L：量取碘储备液 50 mL，用水稀释至 500 mL，储于棕色细口瓶中。

(8) 淀粉溶液，ρ = 5.0 g/L：称取 0.5 g 可溶性淀粉，用少量水调成糊状，慢慢倒入 100 mL

沸水中，继续煮沸至溶液澄清，冷却后储于试剂瓶中。临用现配。

(9)碘酸钾基准溶液，$c(1/6\ KIO_3)=0.100\ 0$ mol/L：称取 3.566 7 g 碘酸钾优级纯，经 110 ℃干燥 2 h 溶解于水，移入 1 000 mL 容量瓶中，用水稀释至标线，摇匀。

(10)(1∶9)盐酸溶液。

(11)硫代硫酸钠标准储备液，$c(Na_2S_2O_3)=0.10$ mol/L：称取 25.0 g 硫代硫酸钠($Na_2S_2O_3\cdot 5H_2O$)，溶解于 1 000 mL 新煮沸并已冷却的水中，加入 0.20 g 无水碳酸钠，储于棕色细口瓶中，放置一周后备用。若溶液呈现浑浊，必须过滤。标定方法如下：

吸取 3 份 0.100 0 mol/L 碘酸钾标准溶液 20.00 mL，分别置于 250 mL 碘量瓶中，加 70 mL 新煮沸并已冷却的水，加入 1 g 碘化钾，摇匀至完全溶解后，加入(1∶9)盐酸溶液 10 mL，立即盖好瓶塞，摇匀。于暗处放置 5 min 后，用硫代硫酸钠标准储备液滴定溶液至浅黄色，加入 2mL 淀粉溶液，继续滴定溶液至蓝色刚好褪去为终点。硫代硫酸钠标准溶液的浓度按下式计算：

$$c=\frac{0.100\ 0\times 20.00}{V}$$

式中 c——硫代硫酸钠标准溶液的浓度，mol/L；

V——滴定所消耗硫代硫酸钠标准溶液的体积，mL。

(12)硫代硫酸钠标准溶液，$c(Na_2S_2O_3)=(0.01\pm 0.000\ 01)$ mol/L：取 50.0 mL 硫代硫酸钠储备液，置于 500 mL 容量瓶中，用新煮沸并已冷却的水稀释至标线，摇匀。

(13)乙二胺四乙酸二钠溶液(EDTA-2Na)，$\rho=0.50$ g/L：称取 0.25 g 乙二胺四乙酸二钠，溶解于 500 mL 新煮沸并已冷却的水中。临用现配。

(14)亚硫酸钠溶液，$\rho(Na_2SO_3)=1$ g/L：称取 0.2 g 亚硫酸钠，溶解于 200 mL EDTA-2Na 溶液中，缓缓摇匀以防充氧，使其溶解。放置 2~3 h 后标定。此溶液每毫升相当于 320~400 μg 二氧化硫。标定方法如下：

①取 6 个 250 mL 碘量瓶(A_1、A_2、A_3、B_1、B_2、B_3)，分别加入 50.0 mL 碘溶液。在 A_1、A_2、A_3 内分别加入 25 mL 水，在 B_1、B_2 内分别加入 25.00 mL 亚硫酸钠溶液盖好瓶塞。

②立即吸取 2.00 mL 亚硫酸钠溶液加到 1 个已装有 40~50 mL 甲醛缓冲吸收储备液的 100 mL 容量瓶中，并用甲醛缓冲吸收储备液稀释至标线、摇匀。此溶液即为二氧化硫标准储备溶液，在 4~5 ℃下冷藏，可稳定 6 个月。

③紧接着再吸取 25.00 mL 亚硫酸钠溶液加入 B_3 内，盖好瓶塞。

④A_1、A_2、A_3、B_1、B_2、B_3 6 个瓶子于暗处放置 5 min 后，用硫代硫酸钠标准溶液滴定至浅黄色，加 5 mL 淀粉指示剂，继续滴定至蓝色刚刚消失。平行滴定所用硫代硫酸钠标准溶液的体积之差应不大于 0.05 mL。

二氧化硫标准储备溶液的质量浓度按下式计算：

$$p=\frac{(\overline{V}_0-\overline{V})\times c\times 32.02\times 1\ 000}{25.00}\times\frac{2.0}{100}$$

式中 ρ——二氧化硫标准储备溶液的质量浓度，μg/mL；

$\overline{V}_0$——空白滴定所消耗硫代硫酸钠标准溶液的体积，mL；

$\overline{V}$——样品滴定所消耗硫代硫酸钠标准溶液的体积，mL；

c——硫代硫酸钠标准溶液的浓度，mol/L；

32.02——1/2 SO_2 的摩尔质量。

(15)二氧化硫标准溶液，$\rho(Na_2S_2O_3)$ = 1.00 μg/mL：用甲醛缓冲吸收液将二氧化硫标准储备溶液稀释成每毫升含 1.0 μg 二氧化硫的标准溶液。此溶液用于绘制标准曲线，在 4~5 ℃下冷藏，可稳定 1 个月。

(16)盐酸副玫瑰苯胺(简称 PRA，即副品红或对品红)储备液：ρ = 0.2 g/100 mL。

(17)PRA 溶液，ρ = 0.000 50 g/mL：吸取 25.00 mL PRA 储备液于 100 mL 容量瓶中，加入 30 mL 85%的浓磷酸和 12 mL 浓盐酸，用水稀释至标线，摇匀。放置过夜后使用，避光密封保存。

(18)盐酸-乙醇清洗液：由 3 份(1∶9)盐酸和 1 份 95%乙醇混合配制而成，用于清洗比色管和比色皿。

五、实训操作

(一)样品采集

(1)短时间采样：采用内装 10 mL 吸收液的 U 形多孔玻板吸收瓶，以 0.5 L/min 的流量采气 45~60 min。采样时吸收液温度应保持在 23~29 ℃。

(2)24 h 连续采样：用内装 50 mL 吸收液的多孔玻板吸收瓶，以 0.2 L/min 的流量连续采样 24 h，采样时吸收液温度应保持在 23~29 ℃。

(3)现场空白：将装有吸收液的采样管带到采样现场，除了不采气之外，其他环境条件与样品相同。

(二)样品保存

(1)样品采集、运输和储存过程中应避免阳光照射。

(2)放置在室内的 24 h 连续采样器，进气口应连接符合要求的空气质量集中采样管路系统，以减少二氧化硫进入吸收瓶前的损失。

(三)分析测试

1. 校准曲线绘制

(1)取 14 支 10 mL 具塞比色管，分 A、B 两组，每组 7 支，分别对应编号。A 组按表 4-6 配制标准溶液系列。

表 4-6　二氧化硫标准溶液系列

管号	0	1	2	3	4	5	6
二氧化硫标准溶液/mL	0.00	0.50	1.00	2.00	5.00	8.00	10.00
甲醛缓冲吸收液/mL	10.00	9.50	9.00	8.00	5.00	2.00	0.00
二氧化硫含量/(μg/10 mL)	0.00	0.50	1.00	2.00	5.00	8.00	10.00

(2)往 A 组各管分别加入 6.0 g/L 的氨磺酸钠溶液 0.5 mL 和 1.50 mol/L 的 NaOH 溶

液 0.5 mL，摇匀；往 B 组各管分别加入 0.000 50 g/mL 的 PRA 溶液 1.00 mL。

(3)将 A 组各管的溶液迅速全部倒入对应编号并盛有 PRA 溶液的 B 管中，立即具塞，混匀后放入恒温水浴中显色。在波长 577 nm 处，用 10 mm 比色皿，以水为参比测量吸光度。以空白校正后各管的吸光度为纵坐标，以二氧化硫的质量浓度(μg/10 mL)为横坐标，用最小二乘法建立校准曲线的回归方程。

(4)显色温度与室温之差应不超过 3 ℃，根据不同季节和环境条件按表 4-7 选择显色温度与显色时间。

表 4-7　二氧化硫显色温度与显色时间对照表

显色温度/℃	10	15	20	25	30
显色时间/min	40	25	20	15	5
稳定时间/min	35	25	20	15	10
试剂空白吸光度(A_0)	0.030	0.035	0.040	0.050	0.060

2. 样品测定

(1)样品溶液中如有浑浊物，则应离心分离除去。

(2)样品放置 20 min，以使臭氧分解。

(3)短时间采样：将吸收瓶中样品溶液全部移入 10 mL 比色管中，用少量甲醛缓冲吸收液洗涤吸收瓶，倒入比色管中，并用吸收液稀释至标线，加入 6.0 g/L 的氨磺酸钠溶液 0.5 mL，摇匀，放置 10 min 以消除氮氧化物的干扰，以下步骤同校准曲线的绘制。

(4)连续 24 h 采样：将吸收瓶中样品溶液移入 50 mL 比色管(或容量瓶)中，用少量甲醛缓冲吸收液洗涤吸收瓶，倒入比色管中，并用吸收液稀释至标线。吸取适量样品溶液(视浓度高低而决定取 2~10 mL)于 10 mL 比色管中，再用吸收液稀释至标线，加入 6.0 g/L 的氨磺酸钠溶液 0.5 mL，混匀，放置 10 min 以除去氮氧化物的干扰，以下步骤同校准曲线的绘制。

(四)原始记录

认真填写空气采样原始数据记录表(表 4-8)、二氧化硫分析(分光光度法)原始数据记录表(表 4-9)。

(五)实训室整理

(1)将分光光度计的拉杆推至非测量挡，合上样品室盖，填写仪器使用记录。

(2)将比色皿、比色管等器皿清洗干净，物归原处。

(3)将空气采样器放回原处，填写仪器使用记录。

(4)清理实训台面和地面，保持实训室干净整洁。

(5)检查实训室用水、用电是否处于安全状态。

六、数据处理

按下式计算空气中二氧化硫的浓度：

$$\rho(SO_2, \mu g/m^3) = \frac{A - A_0 - a}{V_s \times b} \times \frac{V_t}{V_a}$$

式中　A——样品溶液的吸光度；

A_0——试剂空白溶液的吸光度；

a——校准曲线的截距（一般要求小于 0.005）；

b——校准曲线的斜率，吸光度 · mL/μg；

V_t——样品溶液的总体积，mL；

V_a——测定时所取样品溶液的体积，mL；

V_s——换算成标准状况下（273.15 K，101.325 kPa）的采样体积，m^3。

计算结果应保留到整数位。

七、实训报告

按照实训报告的格式要求认真填写。

八、实训总结

（1）采样时，吸收液的温度在 23～29 ℃时，吸收效率为 100%；吸收液的温度在 10～15 ℃时，吸收效率偏低 5%；吸收液的温度高于 33 ℃或低于 9 ℃时，吸收效率偏低 10%。

（2）每批样品至少测定两个现场空白样。

（3）如果样品溶液的吸光度超过校准曲线的上限，可用试剂空白液稀释，在数分钟内再测定吸光度，但稀释倍数不要大于 6。

（4）显色温度低，显色慢，稳定时间长。显色温度高，显色快，稳定时间短。操作人员必须了解显色温度、显色时间和稳定时间的关系，严格控制反应条件。

（5）测定样品时的温度与绘制校准曲线时的温度之差不应超过 2 ℃。

（6）在给定条件下校准曲线斜率应为 0.042±0.004，试剂空白吸光度在显色规定条件下波动范围不超过±15%。

（7）用过的比色管和比色皿应及时用盐酸-乙醇清洗液浸洗，否则红色难以洗净。六价铬能使紫红色络合物褪色，产生负干扰，故应避免用硫酸-铬酸洗液洗涤玻璃器皿。若已用硫酸-铬酸洗液洗涤过，则需用（1∶1）盐酸溶液浸洗，再用水充分洗涤。

九、实训考核

实训考核评分标准详见空气中二氧化硫测定的操作评分表（表 4-10）。

表 4-8　空气采样原始数据记录表

任务名称________　　方法依据________　　任务编号(小组号)________

采样地点________　　测定项目________　　采样方法________　　采样仪器型号________

采样日期	样品编号	采样时间			气温/℃	大气压/kPa	采样流量/(L·min^{-1})	采样体积/m^3	天气状况
		开始	结束	累计/min					
备注									

采样人________　　记录人________　　校核人________

表 4-9　二氧化硫分析(分光光度法)原始数据记录表

样品种类________　　分析方法________　　分析日期____年____月____日

标准曲线	标准管号		0	1	2	3	4	5	6	标准溶液名称及浓度:______ ______
	标液量	mL								标准曲线回归方程及相关系数:______
		μg								
	A									r=______
	$A-A_0$									方法检出限:______

样品测定	样品编号	取样量/mL	定容体积/mL	样品吸光度	空白吸光度	校正吸光度	回归方程计算结果/μg	样品浓度/(μg·m^{-3})	计算公式:

标准化记录	仪器名称	仪器编号	显色温度/℃	显色时间/min	参比溶液	波长/nm	比色皿/mm	室温/℃	湿度/%

分析人________　　校对人________　　审核人________

表 4-10 空气中二氧化硫测定的操作评分表

班级________ 学号________ 姓名________ 成绩________

考核日期________ 开始时间________ 结束时间________ 考评员________

序号	考核点	分值	评分标准	扣分	得分
(一)	仪器准备	6			
1	玻璃仪器洗涤	2	玻璃仪器洗涤干净后内壁应不挂水珠,否则一次性扣1分; 吸收瓶清洗、烘干,不正确扣1分		
2	分光光度计预热 20 min	2	未进行预热或预热时间不够,扣1分; 打开盖子或放入黑体预热,不正确扣1分		
3	移液管润洗	2	润洗溶液若超过总体积的1/3,一次性扣0.5分; 润洗后废液应从下口排放,否则一次性扣0.5分; 润洗少于3次,一次性扣1分		
(二)	样品采集	16	加入10.00 mL甲醛吸收液至吸收瓶,不正确扣2分; 将吸收瓶、干燥瓶和采样器连接好,不正确扣3分; 采样器参数的设定不正确,扣3分; 吸收液温度保持在23~29 ℃,不正确扣3分; 未做2个现场空白,扣2分; 样品采集、运输和储存过程中应避免阳光照射,不正确扣3分		
(三)	标准系列配制	16	每个点取液应从零分度开始,出现不正确项一次扣1分,但不超过该项总分16分(工作液可放回剩余溶液中再取液); 标准曲线取点不得少于6点,不符合扣2分; 只选用一支吸量管移取标液,不符合扣2分; 试剂加入顺序和加入量不正确,扣2分; 倒、加试剂操作不正确,扣3分; 混合不充分或中间未开塞,扣2分; 恒温水浴显色不正确,扣2分; 显色温度、显色时间选择不当,扣3分		
(四)	样品测定	10	样品放置20 min,不正确扣2分; 用少量甲醛缓冲吸收液洗涤吸收瓶不正确,扣2分; 用吸收液稀释至标线不正确,扣2分; 加入氨磺酸钠溶液,摇匀,放置10 min,不正确扣2分; 稀释倍数不正确,致使吸光度超出要求范围或在第一点范围内,扣2分		
(五)	分光光度计使用	20			

表 4-10(续 1)

序号	考核点	分值	评分标准	扣分	得分
1	测定前准备	4	波长选择不正确,扣 2 分; 不能正确调“0”和“100%”,扣 2 分		
2	测定操作	10	没有进行比色皿配套性选择或选择不当,扣 2 分; 手触及比色皿透光面,扣 1 分; 加入溶液高度不正确,扣 1 分; 比色皿外壁溶液处理不正确,扣 1 分; 参比溶液使用不正确,扣 2 分; 比色皿盒拉杆操作不当,扣 1 分; 开关比色皿暗箱盖不当,扣 1 分; 读数不准确或重新取液测定,扣 1 分		
3	测定过程中仪器被溶液污染	2	比色皿放在分光光度计仪器表面,扣 1 分; 比色室洒落溶液,扣 1 分		
4	测定后处理	4	台面不清洁,扣 1 分; 未取出比色皿或未洗涤干净,扣 1 分; 没有倒尽控干比色皿,扣 1 分; 未关闭仪器电源,扣 0.5 分; 未填写仪器使用记录,扣 0.5 分		
(六)	数据记录和处理	12			
1	原始记录	3	数据未直接填在报告单上、数据不全、有空项,每项扣 0.5 分,可累计扣分; 原始记录中缺少计量单位,每出现一次扣 0.5 分		
2	回归方程	7	没有采用最小二乘法处理数据,扣 1 分; a、b 计算不正确,每一项扣 1 分; 没有计算相关系数,扣 1 分; 没有算出回归方程,扣 3 分		
3	有效数字运算	5	有效数字运算不规范,一次性扣 2 分		
(七)	测定结果	14			
1	校准曲线线性	4	$r \geq 0.9999$,不扣分; $r = 0.9991 \sim 0.9998$,扣 0.5~4 分; $r < 0.9990$,不得分		
2	测定结果精密度	5	$\lvert \overline{R}_d \rvert \leq 0.5\%$。不扣分; $0.5\% < \lvert \overline{R}_d \rvert \leq 0.6\%$,扣 0.5 分; $0.6\% < \lvert \overline{R}_d \rvert \leq 0.7\%$,扣 1 分; $0.7\% < \lvert \overline{R}_d \rvert \leq 0.8\%$,扣 1.5 分,以此类推; $1.3\% < \lvert \overline{R}_d \rvert \leq 1.4\%$,扣 4.5 分; $\lvert \overline{R}_d \rvert > 1.4\%$,扣 5 分		

表 4-10(续 2)

序号	考核点	分值	评分标准	扣分	得分
3	测定结果准确度	5	测定结果:测定值在 保证值±0.5%内,不扣分 保证值±0.6%内,扣 0.5 分 保证值±0.7%内,扣 1 分,依此类推 保证值±1.4%内,扣 4.5 分 保证值±1.4%外,扣 5 分		
(八)	文明操作	6			
1	实训台面	2	实训过程中台面、地面脏乱,一次性扣 2 分		
2	实训结束清洗仪器、试剂物品归位	2	实训结束未先清洗仪器或试剂物品未归位就完成报告,一次性扣 2 分		
3	仪器损坏	2	仪器损坏,一次性扣 2 分		
合计					

任务四　氮氧化物的测定

空气中氮氧化物的手工监测方法为《环境空气 氮氧化物(一氧化氮和二氧化氮)的测定 盐酸萘乙二胺分光光度法》(HJ 479—2009)。

一、预习思考

(1)盐酸萘乙二胺分光光度法测定空气中 NO 的方法原理。

(2)测定空气中 NO,主要干扰物有哪些?如何消除?

(3)样品采集时的采气流量、采样时间和温度控制。

(4)样品采集、运输及存放过程中为何要避光保存?

(5)Saltzman 试验系数、氧化系数 K。

二、实训目的

(1)掌握分光光度计的使用方法。

(2)学会标准曲线定量方法。

(3)掌握盐酸萘乙二胺分光光度法测定 NO_x 的操作。

三、原理

(一)测定原理

空气中的 NO_2 被串联的第一支吸收瓶中的吸收液吸收并反应生成粉红色偶氮染料。空气中的 NO 不与吸收液反应,通过氧化管时被酸性高锰酸钾溶液氧化为 NO_2,被串联的第二支吸收瓶中的吸收液吸收并反应生成粉红色偶氮染料。生成的偶氮染料在波长 540 nm 处的吸光度与 NO_2 的含量成正比。分别测定第一支和第二支吸收瓶中样品的吸光度,计算两支吸收瓶内 NO_2 和 NO 的质量浓度,二者之和即为氮氧化物的质量浓度(以 NO_2 计)。

(二)适用范围

方法检出限为 0.36 μg/10 mL 吸收液,测定环境空气中氮氧化物(NO_x)的测量范围为 24~2 000 $\mu g/m^3$。当吸收液体积为 10 mL,采样体积为 24 L 时,空气中 NO_x 的检出限为 15 $\mu g/m^3$;当吸收液体积为 50 mL,采样体积 288 L 时,空气中 NO_x 的检出限为 6 $\mu g/m^3$。

(三)干扰与消除

(1)空气中 SO_2 浓度为 NO_x 浓度 30 倍时,对 NO_2 的测定产生负干扰。

(2)空气中过氧乙酰硝酸酯(PAN)对 NO_2 的测定产生正干扰。

(3)空气中 O_3 浓度超过 250 $\mu g/m^3$ 时,对 NO_2 的测定产生负干扰。采样时在采样瓶入口端串接一段 15~20 cm 长的硅橡胶管,可排除干扰。

四、仪器和试剂

1. 所用仪器

(1)空气采样器:流量范围 0.1~1.0 L/min,采气流量为 0.4 L/min 时,相对误差小于 ±5%。

(2)可见光分光光度计。

(3)棕色多孔玻板吸收瓶:10 mL 多孔玻板吸收瓶,用于短时间采样;50 mL 多孔玻板吸收瓶,用于 24 h 连续采样。

(4)氧化瓶:可装 5 mL、10 mL 或 50 mL 酸性高锰酸钾溶液的洗气瓶,液柱高度不能低于 80 mm。

(5)具塞比色管:10 mL 用于短时间采样;50 mL 用于 24 h 连续采样。

2. 试剂配制

(1)冰乙酸。

(2)盐酸羟胺溶液,ρ=0.2~0.5 g/L。

(3)硫酸溶液,$c(1/2H_2SO_4)$= 1 mol/L:取 15 mL 浓硫酸(ρ=1.84 g/mL),缓缓加入 500 mL 水中,搅拌均匀,冷却备用。

(4)酸性高锰酸钾溶液,$\rho(KMnO_4)$= 25 g/L:称取 25 g 高锰酸钾于 1 000 mL 烧杯中,加入 500 mL 水,微热使其全部溶解,然后加入 1 mol/L 硫酸溶液 500 mL,混匀,贮于棕色试剂瓶中。

（5）*N*-（1-萘基）乙二胺盐酸盐贮备液，$\rho[C_{10}H_7NH(CH_2)NH_2 \cdot HCl]=1.00$ g/L：称取0.50 g *N*-（1-萘基）乙二胺盐酸盐于500 mL容量瓶中，用水稀释至刻度线。此溶液贮于密封的棕色试剂瓶中，在冰箱中冷藏可稳定保存3个月。

（6）显色液：称取5.0 g对氨基苯磺酸[$NH_2C_6H_4SO_3H$]，溶于约200 mL 40~50℃热水中，将溶液冷却至室温，全部移入1 000 mL容量瓶中，加入50 mL *N*-（1-萘基）乙二胺盐酸盐贮备液和50 mL冰乙酸，用水稀释至刻度线。此溶液于密闭的棕色瓶中，在25℃以下暗处存放，可稳定3个月。若溶液呈现淡红色，应弃之重配。

（7）吸收液：临用时将显色液和水按体积比4∶1混合。吸收液的吸光度应小于等于0.005。

（8）亚硝酸钠标准贮备液，$\rho(NO_2^-)=250$ μg/mL：准确称取0.375 0 g亚硝酸钠（优级纯，使用前在（105±5）℃干燥恒重），溶于水后，移入1 000 mL容量瓶中，用水稀释至标线。贮于密闭的棕色瓶中于暗处存放，可稳定保存3个月。

（9）亚硝酸钠标准工作液，$\rho(NO_2^-)=2.5$ μg/mL：准确吸取上述贮备液1.00 mL于100 mL容量瓶中，用水稀释至标线。临用现配。

五、实训操作

（一）样品采集

（1）短时间采样（1 h以内）：取两支内装10.0 mL吸收液的多孔玻板吸收瓶和一支内装5~10 mL酸性高锰酸钾溶液的氧化瓶（液柱高度不低于80 mm），用尽量短的硅橡胶管将氧化瓶串联在两支吸收瓶之间，以0.4 L/min流量采气4~24 L。

（2）长时间采样（24 h）：取两支大型多孔玻板吸收瓶，装入50.0 mL吸收液（液柱高度不低于80 mm），标记液面位置。取一支内装50 mL酸性高锰酸钾溶液的氧化瓶，用尽量短的硅橡胶管将氧化瓶串联在两支吸收瓶之间，将吸收液恒温在（20±4）℃，以0.2 L/min流量采气288 L。

（3）现场空白：将装有吸收液的吸收瓶带到采样现场，除了不采气之外，其他环境条件与样品相同。要求每次采样至少做2个现场空白。

（二）样品保存

（1）样品采集、运输及存放过程中避光保存，样品采集后尽快分析。

（2）若不能及时测定，将样品于低温暗处存放。样品在30 ℃暗处存放，可稳定8 h；在20 ℃暗处存放，可稳定24 h；在0~4 ℃冷藏，至少可稳定3 d。

（三）分析测试

1. 标准曲线绘制

（1）取6支10 mL具塞比色管，按表4-11配制标准系列。

表 4-11　亚硝酸盐标准系列

管号	0	1	2	3	4	6
亚硝酸钠标准使用液/mL	0.00	0.40	0.80	1.20	1.60	2.00
水/mL	2.00	1.60	1.20	0.80	0.40	0.00
显色液/mL	8.00	8.0	8.00	8.00	8.0	8.00
亚硝酸根含量/(μg·mL^{-1})	0.00	0.10	0.20	0.30	0.40	0.50

(2)各管混匀,于暗处放置 20 min(室温低于 20 ℃时,显色 40 min 以上),用 10 mm 比色皿,在波长 540 nm 处,以水为参比测定吸光度。扣除空白试样的吸光度后,对应 NO_2^- 的浓度(μg/mL),用最小二乘法计算标准曲线的回归方程。

标准曲线斜率控制在 0.180~0.195(吸光度·mL/μg),截距控制在±0.003 之间。

2. 空白测定

(1)实验室空白试验:取实验室内未经采样的空白吸收液,用 10 mm 比色皿,在波长 540 nm 处,以水为参比测定吸光度。实验室空白吸光度 A_0 在显色规定条件下波动范围不超过±15%。

(2)现场空白:同实验室空白试验测定吸光度。将现场空白和实验室空白的测量结果相对照,若现场空白与实验室空白相差过大,查找原因,重新采样。

3. 样品测定

采样后放置 20 min(室温 20 ℃以下,放置 40 min 以上),将样品全部转移至 10 mL 具塞比色管中,并用水补至刻度线,混匀,按绘制标准曲线的步骤测定样品和空白的吸光度。若样品的吸光度超过标准曲线的上限,应用实验室空白溶液稀释,再测定其吸光度,但稀释倍数不得大于 6。

(四)原始记录

认真填写空气采样原始数据记录表(表 4-12)、氮氧化物分析(分光光度法)原始数据记录表(表 4-13)。

(五)实训室整理

(1)将分光光度计的拉杆推至非测量挡,合上样品室盖,填写仪器使用记录。

(2)将比色皿、比色管等器皿清洗干净,物归原处。

(3)将空气采样器放回原处,填写仪器使用记录。

(4)清理实训台面和地面,保持实训室干净整洁。

(5)检查实训室用水、用电是否处于安全状态。

六、数据处理

(1)按下式计算空气中 NO_2 浓度 $\rho(NO_2)$(μg/m^3):

$$\rho(NO_2)=\frac{(A_1-A_0-a)\times V\times D}{b\times V_s\times f}$$

式中　A_1——串联的第一支吸收瓶中样品的吸光度；

A_0——实验室空白溶液的吸光度；

a——标准曲线的截距；

b——标准曲线的斜率，吸光度 · mL/μg；

V——采样用吸收液的体积，mL；

V_s——标准状态下（273.15 K，101.325 kPa）的采样体积，m^3；

D——样品的稀释倍数；

f——Saltzman 试验系数，0.88（若 NO_2 浓度高于 720 μg/m^3，f 值为 0.77）

K——$NO \rightarrow NO_2$ 氧化系数，0.68。

计算结果保留到整数位。

（2）按下式计算空气中 NO_x 的浓度 $\rho(NO_x)$（μg/m^3），以 NO_2 计：

$$\rho NO_x = \rho NO_2 + \rho NO$$

七、实训报告

按照实训报告的格式要求认真填写。

八、实训总结

（1）吸收液的吸光度不超过 0.005，否则，应检查水、试剂纯度或显色液的配制时间和贮存方法。

（2）采样过程注意观察吸收液颜色变化，避免因氮氧化物浓度过高而穿透。

（3）采样、样品运输及存放过程中应避免阳光照射。气温超过 25 ℃时，长时间（8 h 以上）运输及存放样品应采取降温措施。

（4）Saltzman 实验系数：用渗透法制备的 NO_2 校准用混合气体，在采气过程中被吸收液吸收生成的偶氮染料相当于亚硝酸根的量与通过采样系统的 NO_2 总量的比值。该系数为多次重复实验测定的平均值。

（5）氧化系数 K：空气中的 NO 通过酸性高锰酸钾溶液氧化管后，被氧化为 NO_2 且被吸收液吸收生成偶氮染料的量与通过采样系统的 NO 的总量之比。

九、实训考核

实训考核评分标准详见空气中氮氧化物测定的操作评分表（表 4-14）。

表 4-12　空气采样原始数据记录表

任务名称________　　方法依据________　　任务编号(小组号)________

采样地点________　　测定项目________　　采样方法________　　采样仪器型号________

采样日期	样品编号	采样时间			气温/℃	大气压/kPa	采样流量/(L·min^{-1})	采样体积/m^3	天气状况
		开始	结束	累计/min					
备注									

采样人________　　记录人________　　校核人________

表 4-13　氮氧化物分析(分光光度法)原始数据记录表

样品种类________　　分析方法________　　分析日期____年____月____日

标准曲线	标准管号		0	1	2	3	4	5	6	标准溶液名称及浓度:________
	标液量	mL								________
		μg								标准曲线回归方程及相关系数:________
	A									r=________
	$A-A_0$									方法检出限:________

样品测定	样品编号	取样量/mL	定容体积/mL	样品吸光度	空白吸光度	校正吸光度	回归方程计算结果/μg	样品浓度/(μg·m^{-3})	计算公式:

标准化记录	仪器名称	仪器编号	显色温度/℃	显色时间/min	参比溶液	波长/nm	比色皿/mm	室温/℃	湿度/%

分析人________　　校对人________　　审核人________

表 4-14　空气中氮氧化物测定的操作评分表

班级________　学号________　姓名________　成绩________
考核日期________　开始时间________　结束时间________　考评员________

序号	考核点	分值	评分标准	扣分	得分
(一)	仪器准备	6			
1	玻璃仪器洗涤	2	玻璃仪器洗涤干净后内壁应不挂水珠,否则一次性扣 1 分; 吸收瓶清洗、烘干,不正确扣 1 分		
2	分光光度计预热 20 min	2	未进行预热或预热时间不够,扣 1 分; 打开盖子或放入黑体预热,不正确扣 1 分		
3	移液管润洗	2	润洗溶液若超过总体积的 1/3,一次性扣 0.5 分; 润洗后废液应从下口排放,否则一次性扣 0.5 分; 润洗少于 3 次,一次性扣 1 分		
(二)	样品采集	16	加入 10.00 mL 吸收液至吸收瓶,不正确扣 2 分; 将吸收瓶、氧化瓶、干燥瓶和采样器连接好,不正确扣 3 分; 采样器参数的设定不正确,扣 3 分; 吸收液温度保持在 16~24 ℃,不正确扣 3 分; 未做两个现场空白,扣 2 分; 样品采集、运输和储存过程中应避免阳光照射,不正确扣 3 分		
(三)	标准系列配制	16	每个点取液应从零分度开始,出现不正确项一次扣 1 分,但不超过该项总分 16 分(工作液可放回剩余溶液中再取液); 标准曲线取点不得少于 6 点,不符合扣 2 分; 只选用一支吸量管移取标液,不符合扣 2 分; 试剂加入顺序和加入量不正确,扣 2 分; 加错显色液,扣 2 分; 混合不充分或中间未开塞,扣 2 分; 放置暗处显色,不正确扣 3 分; 显色温度、显色时间选择不当,扣 3 分		
(四)	样品测定	10	样品放置 20 min,不正确扣 3 分; 用少量水洗涤吸收瓶,不正确扣 2 分; 用水稀释至标线,不正确扣 2 分; 稀释倍数不正确,致使吸光度超出要求范围或在第一点范围内,扣 3 分		
(五)	分光光度计使用	20			
1	测定前准备	4	波长选择不正确,扣 2 分; 不能正确调“0”和“100%”,扣 2 分		

表 4-14(续 1)

序号	考核点	分值	评分标准	扣分	得分
2	测定操作	10	没有进行比色皿配套性选择或选择不当,扣 2 分; 手触及比色皿透光面,扣 1 分; 加入溶液高度不正确,扣 1 分; 比色皿外壁溶液处理不正确,扣 1 分; 参比溶液使用不正确,扣 2 分; 比色皿盒拉杆操作不当,扣 1 分; 开关比色皿暗箱盖不当,扣 1 分; 读数不准确或重新取液测定,扣 1 分		
3	测定过程中仪器被溶液污染	2	比色皿放在分光光度计仪器表面,扣 1 分; 比色室洒落溶液,扣 1 分		
4	测定后处理	4	台面不清洁,扣 1 分; 未取出比色皿或未洗涤干净,扣 1 分; 没有倒尽控干比色皿,扣 1 分; 未关闭仪器电源,扣 0.5 分; 未填写仪器使用记录,扣 0.5 分		
(六)	数据记录和处理	12			
1	原始记录	3	数据未直接填在报告单上,数据不全、有空项,每项扣 0.5 分,可累计扣分; 原始记录中缺少计量单位,每出现一次扣 0.5 分		
2	回归方程	7	没有采用最小二乘法处理数据,扣 1 分; a、b 计算不正确,每一项扣 1 分; 没有计算相关系数,扣 1 分; 没有算出回归方程,扣 3 分		
3	有效数字运算	2	有效数字运算不规范,一次性扣 2 分		
(七)	测定结果	14			
1	校准曲线线性	4	$r \geq 0.9999$,不扣分; $r = 0.9991 \sim 0.9998$,扣 0.5~4 分; $r < 0.9990$,不得分		
2	测定结果精密度	5	$\lvert \overline{R}_d \rvert \leq 0.5\%$,不扣分; $0.5\% < \lvert \overline{R}_d \rvert \leq 0.6\%$,扣 0.5 分; $0.6\% < \lvert \overline{R}_d \rvert \leq 0.7\%$,扣 1 分; $0.7\% < \lvert \overline{R}_d \rvert \leq 0.8\%$,扣 1.5 分,依此类推; $0.3\% < \lvert \overline{R}_d \rvert \leq 1.4\%$,扣 4.5 分; $\lvert \overline{R}_d \rvert > 1.4\%$,扣 5 分		

表 4-14(续 2)

序号	考核点	分值	评分标准	扣分	得分
3	测定结果准确度	5	测定结果:测定值在 保证值±0.5%内,不扣分; 保证值±0.6%内,扣0.5分; 保证值±0.7%内,扣1分,依此类推; 保证值±1.4%内,扣4.5分; 保证值±1.4%外,扣5分		
(八)	文明操作	6			
1	实训台面	2	实训过程中台面、地面脏乱,一次性扣2分		
2	实训结束清洗仪器、试剂物品归位	2	实训结束未先清洗仪器或试剂物品未归位就完成报告,一次性扣2分		
3	仪器损坏	2	仪器损坏,一次性扣2分		
合计					

任务五　臭氧的测定

环境空气中臭氧测定的标准方法主要有《环境空气 臭氧的测定 靛蓝二磺酸钠分光光度法》(HJ 504—2009)、《环境空气 臭氧的测定 紫外光度法》(HJ 590—2010),前者为环境空气中臭氧的手工监测方法;后者适用于环境空气中臭氧的瞬时测定,也适用于环境空气中臭氧的连续自动监测。以下依据 HJ 504—2009。

一、预习思考

(1)测定空气中的臭氧,主要干扰物有哪些?

(2)靛蓝二磺酸钠标准贮备溶液标定过程中应注意哪些问题?

(3)用最小二乘法计算校准曲线的回归方程时,为何以(A_0-A)作为纵坐标?

(4)样品采集时采气流量、采样时间的控制。

二、实训目的

(1)掌握分光光度计的使用方法。

(2)学会标准曲线定量分析的方法。

(3)掌握靛蓝二磺酸钠分光光度法测定臭氧的操作。

三、原理

(一)测定原理

空气中的臭氧在磷酸盐缓冲溶液存在下,与吸收液中蓝色的靛蓝二磺酸钠等摩尔反应,褪色生成靛红二磺酸钠,在610 nm 处测量吸光度,根据蓝色减退的程度定量空气中臭氧的浓度。

(二)适用范围

当采样体积为30 L时,测定空气中臭氧的检出限为10 μg/m^3,测定下限为40 μg/m^3。当采样体积为30 L时,吸收液质量浓度为2.5 μg/mL或5.0 μg/mL时,测定上限分别为500 μg/m^3或1 000 μg/m^3。

(三)干扰与消除

(1)空气中的二氧化氮可使臭氧的测定结果偏高,约为二氧化氮质量浓度的6%。

(2)空气中二氧化硫、硫化氢、过氧乙酰硝酸酯和氟化氢的质量浓度分别高于750 μg/m^3、110 μg/m^3、1 800 μg/m^3和2.5 μg/m^3时,干扰臭氧的测定。

(3)空气中氯气、二氧化氯的存在使臭氧的测定结果偏高。但在一般情况下,这些气体的浓度很低,不会造成显著误差。

四、仪器和试剂

(一)所用仪器

(1)空气采样器:流量范围0.1~1.0 L/min,流量稳定。采样器应定期在采样前进行气密性检查和流量校准。

(2)分光光度计:具20 mm比色皿。

(3)多孔玻板吸收瓶:容积10 mL。

(4)恒温水浴器:温度精度为±1 ℃。

(5)具塞比色管:10 mL。

(二)试剂配制

(1)溴酸钾标准贮备溶液,$c(1/6KBrO_3)$ = 0.100 0 mol/L:准确称取1.391 8 g溴酸钾(优级纯,180 ℃烘2 h),加入少量水溶解,移入500 mL容量瓶中,用水稀释至标线。

(2)溴酸钾-溴化钾标准溶液,$c(1/6KBrO_5)$ = 0.010 0 mol/L:吸取10.00 mL溴酸钾标准贮备溶液于100 mL容量瓶中,加入1.0 g溴化钾,用水稀释至标线。

(3)硫代硫酸钠标准贮备溶液,$c(Na_2S_2O_3)$ = 0.100 0 mol/L。

(4)硫代硫酸钠标准工作溶液,$c(Na_2S_2O_3)$ = 0.005 00 mol/L:临用前,取硫代硫酸钠标准贮备溶液用新煮沸并冷却至室温的水准确稀释20倍。

(5)硫酸溶液,1+6(V/V)。

(6)淀粉指示剂溶液，$\rho=2.0$ g/L：称取 0.20 g 可溶性淀粉，用少量水调成糊状，慢慢倒入 100 mL 沸水，煮沸至溶液澄清。

(7)磷酸盐缓冲溶液，$c(KH_2PO_4-Na_2HPO_4)=0.050$ mol/L：称取 6.8 g 磷酸二氢钾、7.1 g 无水磷酸氢二钠，溶于水，稀释至 1 000 mL。

(8)靛蓝二磺酸钠($C_{16}H_{18}N_2Na_2O_8S_2$，简称 IDS)，分析纯、化学纯或生化试剂。

(9)IDS 标准贮备溶液：称取 0.25 g 靛蓝二磺酸钠溶于水，移入 500 mL 棕色容量瓶内，用水稀释至标线，摇匀，在室温暗处存放 24 h 后标定。此溶液在 20 ℃以下暗处存放可稳定 2 周。

标定方法：准确吸取 20.00 mL IDS 标准贮备溶液于 250 mL 碘量瓶中，加入 20.00 mL 溴酸钾-溴化钾标准溶液，再加入 50 mL 水，盖好瓶塞，在(16±1)℃水浴中放置至溶液温度与水浴温度平衡时，加入 5.0 mL 硫酸溶液，立即盖塞、混匀并开始计时，于(16±1)℃暗处放置(35±1.0)min 后，加入 1.0 g 碘化钾，立即盖塞，轻轻摇匀至溶解，暗处放置 5 min，用硫代硫酸钠标准工作溶液滴定至棕色刚好褪去呈淡黄色，加入 5 mL 淀粉指示剂溶液，继续滴定至蓝色消退，终点为亮黄色。记录所消耗的硫代硫酸钠标准工作溶液的体积(两次平行滴定的体积之差不应大于 0.10 mL)。

每毫升 IDS 溶液相当于臭氧的质量浓度 ρ(μg/mL)按下式计算：

$$\rho=\frac{c_1V_1-c_2V_2}{V}\times12.00\times10^3$$

式中　c_1——溴酸钾-溴化钾标准溶液的浓度，mol/L；

V_1——加入溴酸钾-溴化钾标准溶液的体积，mL；

c_2——滴定时所用硫代硫酸钠标准溶液的浓度，mol/L；

V_2——滴定时所用硫代硫酸钠标准溶液的体积，mL；

V——IDS 标准贮备溶液的体积，mL；

12.00——臭氧的摩尔质量($1/4O_3$)，g/moL。

(10)IDS 标准工作溶液：将标定后的 IDS 标准贮备液用磷酸盐缓冲溶液逐级稀释成每毫升相当于 1.00 μg 臭氧的 IDS 标准工作溶液，此溶液于 20 ℃以下暗处存放可稳定 1 周。

(11)IDS 吸收液：取适量 IDS 标准贮备液，根据空气中臭氧质量浓度的高低，用磷酸盐缓冲溶液稀释成每毫升相当于 2.5 μg(或 5.0 μg)臭氧的 IDS 吸收液，此溶液于 20 ℃以下暗处可保存 1 个月。

五、实训操作

(一)样品采集

(1)用内装 10.00 mL IDS 吸收液的多孔玻板吸收瓶，罩上黑色避光套，以 0.5 L/min 流量采气 5~30 L。当吸收液褪色约 60%时(与现场空白比较)，应立即停止采样。当确信空气中臭氧的质量浓度较低，不会穿透时，可以用棕色玻板吸收瓶采样。

(2)现场空白：将装有 IDS 吸收液的吸收瓶带到采样现场，除了不采气之外，其他环境条件与样品相同。每批样品至少测定两个现场空白样。

（二）样品保存

样品在运输及存放过程中应严格避光。样品于室温暗处存放至少可稳定 3 d。

（三）分析测试

1. 校准曲线绘制

（1）取 6 支 10 mL 具塞比色管，按表 4-15 配制标准溶液系列。

表 4-15　臭氧标准溶液系列

管号	0	1	2	3	4	5
IDS 标准工作溶液/mL						
磷酸盐缓冲溶液/mL						
臭氧质量浓度/（μg · mL^{-1}）						

（2）各管摇匀，用 20 mm 比色皿，以水作参比，在波长 610 nm 下测量吸光度。以校准系列中零浓度管的吸光度与各标准色列管的吸光度之差为纵坐标，臭氧质量浓度为横坐标，用最小二乘法计算校准曲线的回归方程。

2. 样品测定

采样结束后，将吸收瓶中的样品溶液全部移入 25 mL（或 50 mL）容量瓶中，用水多次洗涤吸收瓶，最后使总体积为 25.0 mL（或 50.0 mL）。用 20 mm 比色皿，以水作参比，在波长 610 nm 下测量吸光度。

（四）原始记录

认真填写空气采样原始数据记录表（表 4-16）、分光光度法原始数据记录表（表 4-17）。

（五）实训室整理

（1）将分光光度计的拉杆推至非测量挡，合上样品室盖，填写仪器使用记录。

（2）将比色皿、比色管等器皿清洗干净，物归原处。

（3）将空气采样器放回原处，填写仪器使用记录。

（4）清理实训台面和地面，保持实训室干净整洁。

（5）检查实训室用水、用电是否处于安全状态。

六、数据处理

按下式计算空气中臭氧的质量浓度 ρ（$\mu g/m^3$）：

$$\rho=\frac{(A_0-A-a)\times V}{b\times V_s}$$

式中　A_0——现场空白溶液吸光度的平均值；

A——样品溶液的吸光度；

a——校准曲线的截距；

b——校准曲线的斜率，吸光度·mL/μg；

V——样品溶液的总体积，mL；

V_s——换算成标准状况下(273.15 K，101.325 kPa)的采样体积，m^3。

计算结果保留到整数位。

七、实训报告

按照实训报告的格式要求认真填写。

八、实训总结

(1)在采样过程中，当吸收液褪色约60%(与现场空白比较)，应该立即停止采样。

(2)每批样品至少测定两个现场空白样。

(3)用溴酸钾-溴化钾标准溶液标定IDS标准贮备溶液的反应，需要在酸性条件下进行，加入硫酸溶液后反应开始，加入碘化钾后反应随即终止。为了避免副反应使反应定量进行，必须严格控制水浴温度(16±1)℃和反应时间(35±1.0)min。一定要等到溶液温度与水浴温度达到平衡时再加入硫酸溶液，加入硫酸溶液后应立即盖塞，并开始计时。同时应注意滴定过程中避免阳光照射。

九、实训考核

实训考核评分标准详见空气中臭氧测定的操作评分表(表4-18)。后附环境空气质量监测报告。

表4-16　空气采样原始数据记录表

任务名称________　　方法依据________　　任务编号(小组号)________

采样地点________　　测定项目________　　采样方法________　　采样仪器型号________

采样日期	样品编号	采样时间			气温/℃	大气压/kPa	采样流量/(L·min^{-1})	采样体积/m^3	天气状况
		开始	结束	累计/min					
备注									

采样人________　　记录人________　　校核人________

表 4-17　臭氧分析(分光光度法)原始数据记录表

样品种类________　　分析方法________　　分析日期____年____月____日

标准曲线	标准管号		0	1	2	3	4	5	6	标准溶液名称及浓度：________
	标液量	mL								________________ 标准曲线回归方程及相关系数：________
		μg								
	A									$r=$________
	$A-A_0$									方法检出限：________

样品测定	样品编号	取样量/mL	定容体积/mL	样品吸光度	空白吸光度	校正吸光度	回归方程计算结果/μg	样品浓度/(μg·m^{-3})	计算公式：

标准化记录	仪器名称	仪器编号	显色温度/℃	显色时间/min	参比溶液	波长/nm	比色皿/mm	室温/℃	湿度/%

分析人________　　校对人________　　审核人________

表 4-18　空气中臭氧测定的操作评分表

班级________　　学号________　　姓名________　　成绩________

考核日期________　　开始时间________　　结束时间________　　考评员________

序号	考核点	分值	评分标准	扣分	得分
(一)	仪器准备	6			
1	玻璃仪器洗涤	2	玻璃仪器洗涤干净后内壁应不挂水珠,否则一次性扣1分; 吸收瓶清洗、烘干,不正确扣1分		
2	分光光度计预热20 min	2	未进行预热或预热时间不够,扣1分; 打开盖子或放入黑体预热,不正确扣1分		
3	移液管润洗	2	润洗溶液若超过总体积的1/3,一次性扣0.5分; 润洗后废液应从下口排放,否则一次性扣0.5分; 润洗少于3次,一次性扣1分		

表 4-18(续 1)

序号	考核点	分值	评分标准	扣分	得分
(二)	样品采集	20	加入 10.00 mL IDS 吸收液至吸收瓶,不正确扣 2 分; 将吸收瓶、干燥瓶和采样器连接好,不正确扣 4 分; 采样器参数的设定不正确,扣 4 分; 当吸收液褪色约 60%时,立即停止采样,不正确扣 4 分; 未做 2 个现场空白,扣 3 分; 样品采集、运输和储存过程中应避免阳光照射,不正确扣 3 分		
(三)	标准系列配制	10	每个点取液应从零分度开始,出现不正确项一次扣 1 分,但不超过该项总分 10 分(工作液可放回剩余溶液中再取液); 标准曲线取点不得少于 6 点,不符合扣 2 分; 只选用一支吸量管移取标液,不符合扣 3 分; 试剂加入量不精确,扣 3 分; 混合不充分或中间未开塞,扣 2 分		
(四)	样品测定	8	用少量水洗涤吸收瓶,不正确扣 4 分; 用水稀释至标线,不正确扣 4 分		
(五)	分光光度计使用	20			
1	测定前准备	4	波长选择不正确,扣 2 分; 不能正确调“0”和“100%”,扣 2 分		
2	测定操作	10	没有进行比色皿配套性选择或选择不当,扣 2 分; 手触及比色皿透光面,扣 1 分; 加入溶液高度不正确,扣 1 分; 比色皿外壁溶液处理不正确,扣 1 分; 参比溶液使用不正确,扣 2 分; 比色皿盒拉杆操作不当,扣 1 分; 开关比色皿暗箱盖不当,扣 1 分; 读数不准确或重新取液测定,扣 1 分		
3	测定过程中仪器被溶液污染	2	比色皿放在分光光度计仪器表面,扣 1 分; 比色室洒落溶液,扣 1 分		
4	测定后处理	4	台面不清洁,扣 1 分; 未取出比色皿或未洗涤干净,扣 1 分; 没有倒尽控干比色皿,扣 1 分; 未关闭仪器电源,扣 0.5 分; 未填写仪器使用记录,扣 0.5 分		
(六)	数据记录和处理	16			

表 4-18(续 1)

序号	考核点	分值	评分标准	扣分	得分
1	原始记录	4	数据未直接填在报告单上、数据不全、有空项,每项扣 1 分,可累计扣分; 原始记录中缺少计量单位,每出现一次扣 1 分		
2	回归方程	10	没有采用最小二乘法处理数据,扣 1 分; a、b 计算不正确,每一项扣 2 分; 没有计算相关系数,扣 1 分; 没有算出回归方程,扣 4 分		
3	有效数字运算	2	有效数字运算不规范,一次性扣 2 分		
(七)	测定结果	14			
1	校准曲线线性	4	$r \geq 0.9999$,不扣分; $r = 0.9991 \sim 0.9998$,扣 0.5~4 分; $r < 0.9990$,不得分		
2	测定结果精密度	5	$\lvert \overline{R}_d \rvert \leq 0.5\%$,不扣分; $0.5\% < \lvert \overline{R}_d \rvert \leq 0.6\%$,扣 0.5 分; $0.6\% < \lvert \overline{R}_d \rvert \leq 0.7\%$,扣 1 分; $0.7\% < \lvert \overline{R}_d \rvert \leq 0.8\%$,扣 1.5 分,依此类推; $1.3\% < \lvert \overline{R}_d \rvert \leq 1.4\%$,扣 4.5 分; $\lvert \overline{R}_d \rvert > 1.4\%$,扣 5 分		
3	测定结果准确的	5	测定结果:测定值在 保证值±0.5%内,不扣分; 保证值±0.6%内,扣 0.5 分; 保证值±0.7%内,扣 1 分,依此类推; 保证值±1.4%内,扣 4.5 分; 保证值±1.4%外,扣 5 分		
(八)	文明操作	6			
1	实训台面	2	实训过程中台面、地面脏乱,一次性扣 2 分		
2	实训结束清洗仪器、试剂物品归位	2	实训结束未先清洗仪器或试剂物品未归位就完成报告,一次性扣 2 分		
3	仪器损坏	2	仪器损坏,一次性扣 2 分		
合计					

环境空气质量监测报告

项目名称：校园空气质量监测

监测类别：环境空气监测

报告日期：　　年　　月　　日

1. 监测内容

2. 监测项目

3. 监测分析方法及方法来源

环境监测分析方法及方法来源见下表。

环境监测分析方法及方法来源

项目	监测方法	方法来源	使用仪器	检出限

4. 监测结果

空气质量监测结果见下表。

空气质量监测结果

单位：

样点编号	采样位置	监测日期	温度/℃	监测项目 1	监测项目 2	监测项目 3	……

环境监测点位示意图

报告编制人________　　日期________

审核人________　　日期________

项目五 工业废气监测

任务一 工业废气监测方案的制定

一、实训目的

(1)在资料收集、现场调查的基础上,掌握监测项目的确定方法。

(2)掌握监测分析方法的选择。

(3)掌握采样点布设、采样方法、采样时间与采样频次的确定方法。

(4)掌握监测结果的处理与评价。

(5)培养团结协作精神及处理实际问题的能力。

二、资料收集和现场调查

(1)收集相关的技术资料,了解产生废气的生产工艺过程及生产设施的性能、排放的主要污染物种类及排放浓度大致范围,以确定监测项目和监测方法。

(2)调查污染源的污染治理设施的净化原理、工艺过程、主要技术指标等,以确定监测内容。

(3)调查生产设施的运行工况,污染物排放方式和排放规律,以确定采样频次及采样时间。

(4)现场勘察污染源所处位置和数目,废气输送管道的布置及断面的形状、尺寸,废气输送管道周围的环境状况,废气的去向及排气筒高度等,以确定采样位置及采样点数量。

(5)收集与污染源有关的其他技术资料。

三、监测项目的确定

监测项目执行《大气污染物综合排放标准》(GB 16297—1996)及有关行业大气污染物排放标准。

四、监测分析方法的确定

(1)监测分析方法的选用应充分考虑相关排放标准的规定、被测污染源排放特点、污染物排放浓度的高低、所采用监测分析方法的检出限和干扰等因素。

(2)相关排放标准中有监测分析方法的规定时,应采用标准中规定的方法。

(3)对相关排放标准未规定监测分析方法的污染物项目,应选用国家环境保护标准、环境保护行业标准规定的方法。

五、样品采集

(一)采样位置与采样点

采样位置应优先选择在垂直管段。采样点的位置和数目主要根据烟道断面的形状、尺寸大小和流速分布情况确定。具体设置方法按《固定污染源排气中颗粒物测定与气态污染物采样方法》(GB/T 16157—1996)中4.2的规定执行。

(二)采样时间和频次

采样时间和频次按《固定源废气监测技术规范》(HJ/T 397—2007)的规定执行。一般污染源的监督性监测每年不少于1次,如被国家或地方环境保护行政主管部门列为年度重点监管的排污单位,每年监督性监测不少于4次。

(三)采样方法

颗粒物的采集原则上采用等速采样方法;气态污染物的采集可采用化学法和仪器直接测试法采样。具体采样方法按《固定污染源排气中颗粒物测定和气态污染物采样方法》(GB/T 16157—1996)的规定执行。

六、监测分析

分析用的各种试剂和纯水的质量必须符合分析方法的要求。监测样品应及时分析,否则必须按监测项目的要求保存,并在规定的期限内分析完毕。每批样品至少应做一个全程空白样,实验室内进行质控样、平行样或加标回收样品的测定。

七、监测结果处理与评价

监测结果表示及计算应根据相关排放标准的要求来确定。监测结果以污染物排放浓度(mg/m^3 或 $\mu g/m^3$)、污染物折算排放浓度、废气排放量($m^3 \cdot h$)、污染物排放速率(kg/h)、净化装置的性能表示。

依据GB/T 16297—1996及有关行业大气污染物排放标准,评价废气污染物是否符合国家或地方的排放标准和总量控制指标,以及净化装置的性能和运行情况、污染防治措施的效果,提出改善废气排放质量的建议和措施。

八、实训报告

按照工业废气监测方案的制定实训报告(表5-1)的格式要求认真填写。

表 5-1　工业废气监测方案的制定实训报告

班级		姓名		学号	
实训时间		实训地点		成绩	

批改意见：

教师签字：

实训目的

基础资料的收集

废气污染源调查表

污染源名称	原辅材料	产生废气的主要工艺	排放的主要污染物	废气排放量/万立方米	排放方式	排气筒高度	处理方法	处理效率/%

监测点位的布设

监测点位设置情况表

序号	监测点位名称
1	
2	

监测点位平面分布图

监测点位平面分布图

表 5-1(续)

监测项目的确定

监测项目选择表

必测项目	
选测项目	

分析方法的确定

监测项目的分析方法及检出下限表

序号	监测项目	分析方法	标准代码	检出下限
1				
2				

监测结果统计

废气监测结果统计表

监测项目	测点名称	是否达标	排放浓度/($mg \cdot m^{-3}$)			排放速率/($kg \cdot h^{-1}$)		
			标准值	监测结果	超标倍数	标准值	监测结果	超标倍数

废气达标排放情况及合理化建议

任务二　烟气黑度的测定

烟气黑度的测定方法有林格曼黑度图法、测烟望远镜法和光电测烟仪法等。以下介绍的是林格曼烟气黑度图法。

一、预习思考

(1)林格曼烟气黑度图分为几级?
(2)观测位置和条件有何要求?
(3)如何对烟气进行观测?
(4)如何计算烟气的黑度?

二、实训目的

(1)掌握林格曼烟气黑度图法测定烟气黑度。
(2)正确填写烟气黑度观测记录,依据排放标准对测定结果进行评价。

三、原理

(一)测定原理

把林格曼烟气黑度图放在适当的位置上,将烟气的黑度与图上的黑度相比较,由具有资质的观察者用目视观察来测定固定污染源排放烟气的黑度。

(二)适用范围

本标准适用于固定污染源排放的灰色或黑色烟气在排放口处黑度的监测,不适用于其他颜色烟气的监测。

四、仪器和设备

(1)林格曼烟气黑度图。

标准的林格曼烟气黑度图由 14 cm×21 cm 的不同黑度的图片组成,除全白与全黑分别代表林格曼黑度 0 级和 5 级外,其余 4 个级别是根据黑色条格占整块面积的百分数来确定的,黑色条格的面积占 20%为 1 级,占 40%为 2 级,占 60%为 3 级,占 80%为 4 级,如图 5-1 所示。

(2)计时器(秒表或手表),精度 1 s。
(3)烟气黑度图支架。
(4)风向、风速测定仪。

五、实训操作

(一)观测位置和条件

(1)应在白天进行观测,观察者与烟囱的距离应保证可对烟气排放情况清晰地观察。

林格曼烟气黑度图安置在固定支架上，图片面向观察者，尽可能使图位于观察者至烟囱顶部的连线上，并使图与烟气有相似的天空背景。图距观察者应有足够的距离，以使图上的线条看起来融合在一起，从而使每个方块有均匀的黑度，对于绝大多数观察者，这一距离约为 15 m，如图 5-2 所示。

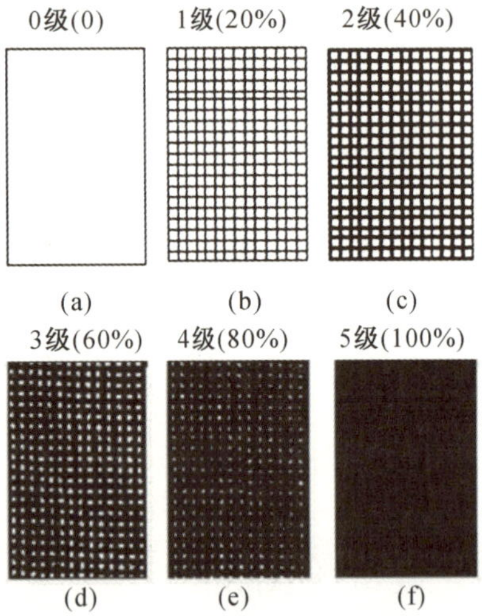

图 5-1　格林曼烟气黑度图

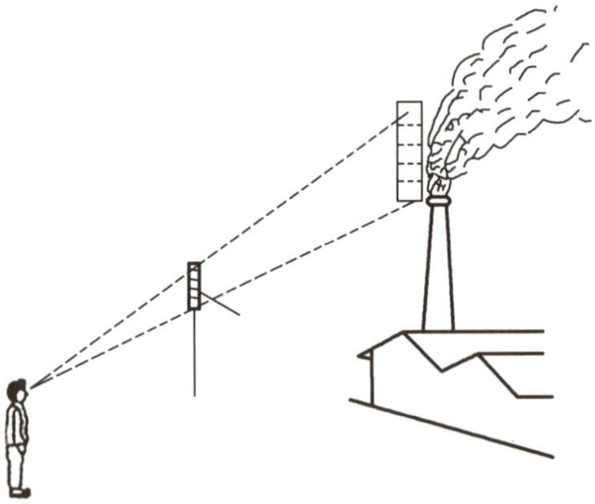

图 5-2　林格曼烟气黑度图法观测烟气

(2) 观察者的视线应尽量与烟羽飘动的方向垂直。观察烟气的仰视角不应太大，一般情况下不宜大于 45°，尽量避免在过于陡峭的角度下观察。

(3) 观察烟气黑度力求在比较均匀的天空光照下进行。如果在太阳光照射下观察，应尽量使照射光线与视线成直角，光线不应来自观察者的前方或后方。雨雪天、雾天及风速大于 4.5 m/s 时不应进行观察。

(二) 观测方法

(1) 观察烟气的部位应选择在烟气黑度最大的地方，该部位应没有冷凝水蒸气存在。观察时，将烟囱排出烟气的黑度与林格曼烟气黑度图进行比较，记下烟气的林格曼级数。如烟气黑度处于两个林格曼级之间，可估计一个 0.5 或 0.25 林格曼级数。每分钟观测 4 次，观察者不宜一直盯着烟气观测，而应看几秒钟然后停几秒钟，每次观测(包括观看和间歇时间)约 15 s，连续观测烟气黑度的时间不少于 30 min。

(2) 观察混有冷凝水汽的烟气，当烟囱出口处的烟气中有可见的冷凝水汽存在时，应选择在离开烟囱口一段距离，看不到水汽的部位观察。

(3) 观察含有水蒸气的烟气，当烟气中的水蒸气在离开烟囱出口的一段距离后，冷凝并且变为可见，这时应选择在烟囱口附近水蒸气尚未形成可见的冷凝水汽的部位观察。

(4) 观察烟气宜在比较均匀的天空照明下进行。如在阴天的情况下观察，由于天空背景较暗，在读数时应根据经验取稍偏低的级数(减去 0.25 级或 0.5 级)。

(三) 原始记录

1. 现场情况记录

观察者应按现场观测数据原始记录表格(表 5-2)的要求，填写观测日期、被测单位、设备名称、净化设施等内容,并将烟囱距观测点的距离、烟囱位于观测点的方向、风向和风速、天气状况以及烟羽背景的情况逐一填入表内。

2. 现场观测记录

每次观测 15 s 记录一个读数,填入现场观测数据原始记录表格。每个读数都应反映 15 s 内黑度的平均值。连续观测烟气黑度的时间 30 min,在此期间进行 120 次观测,记录 120 个读数。对于烟气排放十分稳定的污染源,可酌情减少观测频次,每分钟观测 2 次,每 30 s 记录一个读数,连续观测 30 min,在此期间进行 60 次观测,记录 60 个读数。

(四)实训室整理

将林格曼烟气黑度图放回原处,填写使用记录。

六、数据处理

(1)按林格曼黑度级别将观测值分级,分别统计每一黑度级别出现的累计次数和时间。

(2)除了在观测过程中出现 5 级林格曼黑度时,烟气黑度按 5 级计,不必继续观测外,其他情况都必须连续观测 30 min。分别统计每一黑度级别出现的累计时间,烟气黑度按 30 min 内出现累计时间超过 2 min 的最大林格曼黑度级计。

(3)按以下顺序和原则确定烟气黑度级别:

①林格曼黑度 5 级:30 min 内出现 5 级林格曼黑度时,烟气的林格曼黑度按 5 级计。

②林格曼黑度 4 级:30 min 内出现 4 级及以上林格曼黑度的累计时间超过 2 min 时,烟气的林格曼黑度按 4 级计。

③林格曼黑度 3 级:30 min 内出现 3 级及以上林格曼黑度的累计时间超过 2 min 时,烟气的林格曼黑度按 3 级计。

④林格曼黑度 2 级:30 min 内出现 2 级及以上林格曼黑度的累计时间超过 2 min 时,烟气的林格曼黑度按 2 级计。

⑤林格曼黑度 1 级:30 min 内出现 1 级及以上林格曼黑度的累计时间超过 2 min 时,烟气的林格曼黑度按 1 级计。

⑥林格曼黑度<1 级:30 min 内出现小于 1 级林格曼黑度的累计时间超过 2 min 时,烟气的林格曼黑度按<1 级计。

七、实训报告

按照实训报告的格式要求认真填写。

八、实训总结

(1)观测应在白天进行。

(2)固定支架时应使图片面向观察者,尽可能使图位于观察者至烟囱顶部的连线上,并使图与烟气有相似的天空背景。

(3)观测刚离开排气筒的黑度最大部位的烟气。

(4)连续观测时间为 30 min。

表 5-2 烟气黑度观测原始数据记录表

被测单位		观测日期	
设施名称		净化设施	

分	秒			
	0	15	30	45
0				
1				
2				
3				
4				
5				
6				
7				
8				
9				
10				
11				
12				
13				
14				
15				
16				
17				
18				
19				
20				
21				
22				
23				
24				
25				
26				
27				
28				
29				

观测点位置与观测条件：
烟囱距离________ m；烟囱所在方向________；
烟囱高度________ m；烟囱出口形状________；
风向________；风速________ m/s。
天气状况：□晴朗 □少云 □多云 □阴天
烟羽背景：□无云 □薄云 □白云 □灰云
备注：

观测值累计次数及时间：
观测开始时间：________时________分；
观测结束时间：________时________分。
5 级：________次，累计时间________ min；
≥4 级：________次，累计时间________ min；
≥3 级：________次，累计时间________ min；
≥2 级：________次，累计时间________ min；
≥1 级：________次，累计时间________ min；
<1 级：________次，累计时间________ min。

烟气黑度（林格曼级）：

观测人________ 校核人________

任务三　排气中颗粒物的测定

颗粒物指燃料和其他物质在燃烧、合成、分解以及各种物料在机械处理中所产生的悬浮于排放气体中的固体和液体颗粒状物质。本任务介绍固定污染源排气中颗粒物排放浓度和排放速率的测定。

一、预习思考

(1)何为等速采样？若不采用等速采样,对测定结果有何影响？
(2)采样位置的布设有哪些原则？
(3)如何确定采样点的数量？
(4)应用皮托管如何测定烟气压力？
(5)锅炉颗粒物采样的原则。
(6)滤筒在安放和取出采样管时,应注意哪些事项？
(7)颗粒物排放浓度、排放速率如何计算？

二、实训目的

(1)掌握重量法测定颗粒物的排放浓度。
(2)依据排放标准对颗粒物测试结果进行评价。

三、原理

将烟尘采样管由采样孔插入烟道中,使采样嘴置于测点上,正对气流,按颗粒物等速采样原理,即采样嘴的吸气速度与测点处气流速度相等(其相对误差应在10%以内),抽取一定量的含尘气体。根据采样管滤筒上所捕集到的颗粒物量和同时抽取的气体量,计算出排气中颗粒物浓度。

维持颗粒物等速采样的方法有预测流速法(普通型采样管法)、皮托管平行测速采样法、动压平衡型采样管法和静压平衡型采样管法四种。可根据不同测量对象状况,选用其中的一种方法。

皮托管平行测速自动烟尘采样仪:仪器的微处理测控系统根据各种传感器检测到的静压、动压、温度及含湿量等参数,计算烟气流速,选定采样嘴直径,采样过程中仪器自动计算烟气流速和等速跟踪采样流量,控制电路调整抽气泵的抽气能力,使实际流量与计算的采样流量相等,从而保证了烟尘自动等速采样。

四、仪器和设备

(1)皮托管平行测速自动烟尘采样仪。

(2)滤筒:玻璃纤维滤筒或刚玉滤筒。

(3)奥氏气体分析仪。

(4)分析天平:感量 0.1 mg。

(5)空盒大气压力计:最小分度值应不大于 0.1 kPa。

五、实训操作

(一)采样点布设

1. 采样位置

(1)采样位置应优先选择在垂直管段,应避开烟道弯头和断面急剧变化的部位。采样位置应设置在距弯头、阀门、变径管等阻力构件下游方向不小于 6 倍直径和距上述部件上游方向不小于 3 倍直径处。对矩形烟道,其当量直径 $D=2AB/(A+B)$,式中 A、B 为边长。采样断面的气流速度最好在 5 m/s 以上。

(2)测试现场空间位置有限,很难满足上述要求时,可选择比较适宜的管段采样,但采样断面与弯头等的距离至少是烟道直径的 1.5 倍,并应适当增加测点的数量和采样频次。

(3)采样位置应避开对测试人员操作有危险的场所。

(4)必要时应设置采样平台,采样平台应有足够的工作面积使工作人员安全、方便地操作。平台面积应不小于 1.5 m^2,并设有 1.1 m 高的护栏和不低于 10 cm 的脚部挡板,采样平台的承重应不小于 200 kg/m^2,采样孔距平台面为 1.2~1.3 m。

2. 采样孔

(1)在选定的测定位置上开设采样孔,采样孔内径应不小于 80 mm,采样孔管长应不大于 50 mm。不使用时应用盖板、管堵或管帽封闭。

(2)对正压下输送高温或有毒气体的烟道应采用带有闸板阀的密封采样孔。

(3)对圆形烟道,采样孔应设在包括各测定点在内的互相垂直的直径线上;对矩形或方形烟道,采样孔应设在包括各测定点在内的延长线上。

3. 采样点

(1)圆形烟道

①将烟道分成适当数量的等面积同心环,各测点选在各环等面积中心线与呈垂直相交的两条直径线的交点上,其中一条直径线应在预期浓度变化最大的平面内。

②对符合采样位置要求的烟道,可只选预期浓度变化最大的一条直径线上的测点。

③对直径小于 0.3 m、流速分布比较均匀、对称并符合采样位置要求的小烟道,可取烟道中心作为测点。

④不同直径圆形烟道的等面积环数、采样点数及采样点距烟道内壁的距离如表 5-3 所示,原则上测点不超过 20 个。

表 5-3　圆形烟道的分环和各测点距烟道内壁的距离

烟道直径/m	分环数/个	各测点距烟道内壁的距离(以烟道直径为单位)									
		1	2	3	4	5	6	7	8	9	10
0.3~0.6	1	0.146	0854								
0.6~1.0	2	0.067	0.250	0.750	0.933						
1.0~2.0	3	0.044	0146	0.296	0.704	0.854	0.956				
2.0~4.0	4	0.033	0.105	0.194	0.323	0.677	0.806	0.895	0.967		
>4.0	5	0.026	0.082	0.146	0.226	0.342	0.658	0.774	0.854	0.918	0.974

(2)矩形(或方形)烟道

将烟道断面划分为适当数量的等面积小块,各块中心即为测点。小块的数量和大小按照表 5-4 确定,原则上测点数不超过 20 个。

表 5-4　矩形(或方形)烟道的分块和测点数

烟道断面积/m^2	等面积小块长边长度/m	测点总数
<0.1	<0.32	1
0.1~0.5	<0.35	1~4
0.5~1.0	<0.50	4~6
1.0~4.0	<0.67	6~9
4.0~9.0	<0.75	9~16
>9.0	≤1.0	16~20

(二)排气参数测定

(1)温度。测量设备主要有热电偶温度计、电阻温度计和玻璃水银温度计。

(2)含湿量。测定方法有干湿球法、冷凝法、重量法等。

(3)压力。常用的测压仪器有皮托管和压力计。

(4)流速。详见 GB/T 16157—1996。

(5)流量。详见 GB/T 16157—1996。

(6)烟气成分。烟气成分分析主要是测定烟气中的 CO_2、O_2、CO。测定方法有奥氏气体分析仪法和仪器分析法。

(三)样品采集

1. 采样时间与频次

(1)除相关标准另有规定外,排气筒中废气的采样以连续 1 h 的采样获取平均值或在 1 h 内以等时间间隔采集 3~4 个样品,并计算平均值。

(2)若某排气筒的排放为间断性排放,排放时间小于 1 h,应在排放时段内实行连续采样,或在排放时段内等间隔采集 2~4 个样品,并计算平均值;若某排气筒的排放为间断性排放,排放时间大于 1 h,则应在排放时段内按(1)的要求采样。

2. 采样方法

(1)移动采样:用同一个滤筒在已确定的各采样点上移动采样,各采样点的采样时间相同,计算烟道断面上颗粒物的平均浓度。

(2)定点采样:在每个测点上采一个样,求出采样断面的颗粒物平均浓度,并了解烟道断面上颗粒物浓度变化情况。

(3)间断采样:适用于周期性变化的排放源,根据工况变化及其延续时间,分时段采样,按时间平均加权计算断面的颗粒物平均浓度。

3. 采样步骤

(1)采样准备

①滤筒处理和称重。用铅笔将滤筒编号,在 105~110℃烘箱中烘烤 1 h,取出放入干燥器中冷却至室温,用感量 0.1 mg 的天平称量,两次重量之差应不超过 0.5 mg。当滤筒在 400 ℃以上高温排气中使用时,为了减少滤筒本身重量,应预先在 400 ℃高温箱中烘烤 1 h,然后放入干燥器中冷却至室温,称量至恒重,放入专用的容器中保存。

②检查所有的测试仪器功能是否正常,干燥器中的硅胶是否失效。

③检查系统是否漏气,如发现漏气,应再分段检查,堵漏,直到合格。

(2)采样步骤

以下介绍的是采用皮托管平行测速自动烟尘采样仪进行采样。

①采样系统连接。用橡胶管将组合采样管的皮托管与主机的相应接嘴连接,将组合采样管的烟尘取样管与洗涤瓶和干燥瓶连接,再与主机的相应接嘴连接。

仪器接通电源,自检完毕后,输入日期、时间、大气压、管道尺寸等参数。仪器计算出采样点数目和位置,将各采样点的位置在采样管上做好标记。

③打开烟道的采样孔,清除孔中的积灰。

④仪器压力测量进行零点校准后,将组合采样管插入烟道中,测量各采样点的温度、动压、静压、全压及流速,选取合适的采样嘴。

⑤含湿量测定装置注水,并将其抽气管和信号线与主机连接,将采样管插入烟道,测定烟气中水分含量。

⑥记下滤筒的编号,将已称重的滤筒装入采样管内,旋紧压盖,注意采样嘴与皮托管全压测孔方向一致。

⑦设定每点的采样时间,输入滤筒编号,将组合采样管插入烟道中,密封采样孔。

⑧使采样嘴及皮托管全压测孔正对气流,位于第一个采样点。启动抽气泵,开始采样。第一采样点时间结束,仪器自动发出信号,立即将采样管移至第二采样点继续进行采样。依此类推,顺序在各点采样。采样过程中,采样器自动调节流量保持等速采样。

⑨采样完毕后,关闭抽气泵,从烟道中小心地取出采样管,注意不要倒置。

⑩用镊子将滤筒取出,轻轻敲打前弯管并用毛刷将附着在管内的尘粒刷入滤筒中,将滤筒上口内折封好,放入专用容器中保存,注意在运送过程中切不可倒置。

（四）样品分析

采样后的滤筒放入105 ℃烘箱中烘烤1 h，取出置于干燥器中，冷却至室温，用感量0.1 mg天平称量至恒重。采样前后滤筒重量之差，即为所采的颗粒物量。

（五）原始记录

认真填写烟气监测现场工况原始记录表（表5-5）。

（六）实训室整理

（1）将分析天平回零，关闭仪器，拔掉电源插头，填写仪器使用记录。

（2）将皮托管平行测速自动烟尘采样仪放回原处，填写仪器使用记录。

（3）检查实训室用电是否处于安全状态。

六、数据处理

（一）颗粒物排放浓度

（1）颗粒物排放质量浓度按下式计算：

$$\rho' = \frac{m}{V_{nd}} \times 10^6$$

式中　ρ'——颗粒物排放质量浓度，mg/m^3；

m——采样所得颗粒物的质量，g；

V_{nd}——标准状况下采集干排气的体积，L。

（2）颗粒物平均排放质量浓度按下式计算：

$$\overline{\rho'} = \frac{\sum_{i=1}^{n} \rho'}{n}$$

式中　$\overline{\rho'}$——颗粒物平均排放质量浓度，mg/m^3；

n——采集的样品数。

（3）周期性变化的生产设备，若需确定颗粒物时间加权平均排放质量浓度，按下式计算：

$$\overline{\rho'} = \frac{\rho'_1 t_1 + \rho'_2 t_2 + \cdots + \rho'_n t_n}{t_1 + t_2 + \cdots + t_n}$$

式中　ρ'——颗粒物时间加权平均排放质量浓度，mg/m^3；

$\rho'_1, \rho'_2, \cdots, \rho'_n$——颗粒物在 $t_1, t_2, \cdots, t_n$ 时段内的质量浓度，mg/m^3；

$t_1, t_2, \cdots, t_n$——监测时间段，min。

（二）颗粒物折算排放浓度

在计算燃料设备污染物的排放浓度时，应依照所执行的标准要求，将实测的颗粒物浓度折算为标准规定的过量空气系数下的排放浓度，按下式进行折算：

$$\bar{\rho}=\overline{\rho'}\times\frac{\alpha'}{\alpha}$$

式中 $\bar{\rho}$——折算成过量空气系数为 α 时的颗粒物排放质量浓度,mg/m^3;

$\overline{\rho'}$——颗粒物实测排放质量浓度,mg/m^3;

α'——实测过量空气系数(计算公式详见 GB/T 16157—1996);

α——有关排放标准中规定的过量空气系数。

(三)颗粒物排放速率的计算

$$G=\overline{\rho'}\times Q_{sn}\times10^{-6}$$

式中 G——颗粒物排放速率,kg/h;

$\overline{\rho'}$——颗粒物实测排放质量浓度,mg/m^3;

Q_{sn}——标准状态下干排气量,m^3/h。

七、实训报告

按照实训报告的格式要求认真填写。

八、实训总结

(一)仪器的检定和校准

自动烟尘采样仪和含湿量测定装置的温度计、电子压差计、流量计应定期进行校准。

(二)监测仪器设备的质量检验

(1)对微压计、皮托管和烟气采样系统进行气密性检验,按 GB/T 16157—1996 中 5.2.2.3 进行检漏试验。当系统漏气时,应再分段检查、堵漏或重新安装采样系统,直到检验合格。

(2)空白滤筒称量前应检查外表有无裂纹、孔隙或破损,若有则应更换滤筒,如果滤筒有挂毛或碎屑,应清理干净。当用刚玉滤筒采样时,滤筒在空白称重前,要用细砂纸将滤筒口磨平整,以保证滤筒安装后的气密性。

(3)应严格检查皮托管和采样嘴,发现变形或损坏的不能使用。

(三)排气参数的测定

(1)监测期间应有专人负责监督工况,污染源生产设备、治理设施应处于正常的运行工况。

(2)在进行排气参数测定和采样时,打开采样孔后应仔细清除采样孔短接管内的积灰,再插入测量仪器或采样探头,并严密堵住采样孔周围缝隙以防止漏气。

(3)排气温度测定时,应将温度计的测定端插入管道中心位置,待温度指示值稳定后读数,不允许将温度计抽出管道外读数。

(4)排气水分含量测定时,采样管前端应装有颗粒物过滤器,采样管应有加热保温措施。应对系统的气密性进行检查。对于直径较大的烟道，应将采样管尽量深地插入烟道，减少采样管外露部分，以防水汽在采样管中冷凝，造成测定结果偏低。

(5)用奥氏气体分析仪测定烟气成分时，必须按 CO_2、O_2、CO 的顺序进行测定，操作过程应防止吸收液和封闭液窜入梳形管中。

(6)测定排气压力时皮托管的全压孔要正对气流方向，偏差不得超过 10°。

(四)颗粒物的采样

(1)颗粒物的采样必须按照等速采样的原则进行，尽可能使用微电脑自动跟踪采样仪，以保证等速采样的精度，减少采样误差。

(2)采样位置应尽可能选择气流平稳的管段，采样断面最大流速与最小流速之比不宜大于 3 倍，以防仪器的响应跟不上流速的变化，影响等速采样的精度。

(3)在湿式除法除尘或脱硫器出口采样，采样孔位置应避开烟气含水(雾)滴的管段。

(4)采样系统在现场连接安装好以后，应对采样系统进行气密性检查，发现问题及时解决。

(5)采样嘴应先背向气流方向插入管道，采样时采样嘴必须对准气流方向，偏差不得超过 10°。采样结束，应先将采样嘴背向气流，迅速抽出管道，防止管道负压将尘粒倒吸。

(6)锅炉颗粒物采样，须多点采样，原则上每点采样时间不少于 3 min，各点采样时间应相等，或每台锅炉测定时所采集样品累计的总采气量不少于 1 m^3。每次采样至少采集 3 个样品，取其平均值。

(7)滤筒在安放和取出采样管时，须使用镊子，不得直接用手接触，避免损坏和沾污，若不慎有脱落的滤筒碎屑，须收齐放入滤筒中；滤筒安放要压紧固定，防止漏气。

(8)在采集硫酸雾、铬酸雾等样品时，采样前应将采样嘴和弯管内壁清洗干净，采样后用少量乙醇冲洗采样嘴和弯管内壁，合并在样品中，尽量减少样品损失，保证采样的准确性。

(9)采集多环芳烃和二噁英类，采样管材质应为硼硅酸盐玻璃、石英玻璃或钛金属合金，宜使用石英滤筒(膜)，采样后滤筒(膜)不可烘烤。

(10)当采集高浓度颗粒物时，发现测压孔或采样嘴被尘粒沾堵时，应及时清除。

(五)颗粒物的测定

滤筒的称量应在恒温恒湿的天平室中进行，应保持采样前和采样后称量条件一致。

表 5-5　烟气监测现场工况原始记录表

企业名称____________________

项目	现场情况	情况说明
企业类型	企业产生及排放废气设施类型	
采样点位置	采样点位置图(可附)	
	采样点设置是否符合要求	
	若采样环境不符合要求，实际点位设置位置及原因	
	采样口大小	

表 5-5(续)

项目	现场情况	情况说明
采样频次	采样频次	
	采样频次是否与废气排放规律相符合	
	若不符合,请说明原因	
	样品采集时间及平行测定次数	
流量测量	测量点数量	
	布点是否符合技术规范要求	
	若不符合,请说明布点理由	
生产负荷	企业生产负荷是否与正常生产相同(工业炉窑生产负荷是否在最大热负荷状态)	
	若监测时生产负荷与正常生产负荷不同,采取什么措施	
	企业生产计划及生产记录核查企业生产情况是否与现场调查结果相符	
脱硫效率	湿法脱硫时,洗涤液的 pH 是否为碱性	
测算	风机风量数值与实测风量是否一致？若不一致,原因是什么？如何纠正	
	测量项目的预算量与实测量是否一致？若不一致,原因是什么？如何解决	
	耗煤量测算与实际是否一致？若不一致,原因是什么？如何解决	
	热能(热工仪表)测算与实际是否一致？若不一致,原因是什么？如何解决	

记录人员________　　　复核人员________　　　日期________

项目六　室内空气监测

任务一　室内空气监测方案的制定

一、实训目的

(1)掌握监测项目的确定方法。

(2)掌握监测分析方法的选择。

(3)掌握采样点布设、采样方法、采样时间与采样频率的确定方法。

(4)掌握监测数据处理与结果评价方法。

(5)培养团结协作精神及处理实际问题的能力。

二、资料收集和现场调查

对室内外环境状况和污染源进行资料收集和现场调查，根据监测目的确定检测方案。

三、样品采集

(一)采样点布设

1. 采样点数量

采样点位的数量根据室内面积大小和现场情况确定，要能正确反映室内空气污染物的污染程度。原则上小于 50 m^2 的房间应设 1~3 个点；50~100 m^2 的房间应设 3~5 个点；100 m^2 以上的房间至少设 5 个点。

2. 采样点高度

原则上与人的呼吸带高度一致，一般相对高度 0.5~1.5 m。也可根据房间的使用功能，人群的高低以及在房间立、坐或卧时间的长短来选择采样高度。有特殊要求的可根据具体情况而定。

3. 布点方式

多点采样时应按对角线或梅花式均匀布点，应避开通风口，离墙壁距离应大于 0.5 m，离门窗距离应大于 1 m。

(二)采样时间与频次

经装修的室内环境,采样应在装修完成 7 d 以后进行。年平均浓度至少连续或间隔采样 3 个月,日平均浓度至少连续或间隔采样 18 h; 8 h 平均浓度至少连续或间隔采样 6 h; 1 h 平均浓度至少连续或间隔采样 45 min。采样时间应包括通风最差的时间段。

(三)采样方法

具体采样方法应按各污染物检验方法中规定的方法和操作步骤进行。要求年平均、日平均、8 h 平均值的参数,可以先做筛选采样检验。若筛选采样检验结果符合标准值要求,为达标;若检验结果不符合标准值要求,用累积采样检验结果评价。

1. 筛选法采样

采样前关闭门窗 12 h,采样时关闭门窗,一般至少采样 45 min;采用瞬时采样法时,一般采样间隔时间为 10~15 min,每个点位应至少采集 3 次样品,每次的采样量大致相同,其监测结果的平均值作为该点位的小时均值。

2. 累积法采样

当筛选法采样达不到标准要求时,必须采用累积法(按年平均值、日平均值、8 h 平均值)的要求采样。

(四)采样装置

根据具体的监测项目,选择合适的采样装置。采样装置有玻璃注射器、空气采样袋、气泡吸收管、U 形多孔玻板吸收管、固体吸附管、滤膜、不锈钢采样罐等。

(五)采样记录

采样时要填写室内空气采样及现场监测原始记录表;每个样品上也要贴上标签,标明点位编号、采样日期和时间、测定项目等。采样记录随样品一同报到实训室。

四、样品运输与保存

样品由专人运送,按采样记录清点样品,防止错漏。为防止运输中采样管振动破损,装箱时可用泡沫塑料等分隔。样品应根据不同项目要求,进行有效处理和防护。贮存和运输过程中要避开高温、强光。样品运抵后要与接收人员交接并登记,样品接收记录表如表 6-1 所示。各样品要标注保质期,样品要在保质期前检测。

表 6-1　样品接收记录表

序号	被监测方名称	名称及编号	接收日期	样品是否完好	保存期	送样人	接收人

五、监测项目的确定

（一）确定原则

（1）选择室内空气质量标准中要求控制的监测项目，如表 6-2 所示。

（2）选择室内装饰装修材料有害物质限量标准中要求控制的监测项目。

（3）选择人们日常活动可能产生的污染物。

（4）依据室内装饰装修情况选择可能产生的污染物。

（5）所选监测项目应有国家或行业标准分析方法、行业推荐的分析方法。

表 6-2　室内环境空气质量监测项目

应测项目	其他项目
温度、大气压、空气流速、相对湿度、新风量、SO_2、NO_2、CO、CO_2、氨、O_3、甲醛、苯、甲苯、二甲苯、总挥发性有机物（TVOC）、苯并[a]芘、PM_{10}、氡（^{222}Rn）、菌落总数等	甲苯二异氰酸脂（TDI）、苯乙烯、丁基羟基甲苯、4-苯基环己烯、2-乙基乙醇等

（二）监测项目

（1）新装饰、装修过的室内环境应监测甲醛、苯、甲苯、二甲苯、总挥发性有机物等。

（2）人群比较密集的室内环境应监测菌落总数、新风量及二氧化碳。

（3）使用臭氧消毒、净化设备及复印机等可能产生臭氧的室内环境应监测臭氧。

（4）住宅一层、地下室、其他地下设施以及采用花岗岩、彩釉地砖等天然放射性含量较高材料新装修的室内环境应监测氡（^{222}Rn）。

（5）北方冬季施工的建筑物应监测氨。

（6）鼓励使用气相色谱/质谱对室内环境空气的定性监测。

六、分析方法的确定

《室内空气质量标准》（GB/T 18883—2022）中要求的各项参数的监测分析方法见《室内环境空气质量检测技术规范》（HJ/T 167—2004）。

七、监测数据处理与结果评价

（1）认真填写监测采样、样品运输、样品保存、样品交接和实训室分析的原始记录（表 6-3）。

（2）各项记录必须现场填写，不得事后补写。

（3）正确保留原始记录有效数字位数。

（4）监测数据的统计计算主要有平均值、超标率及超标倍数三项。

（5）按相应规则，对监测数据进行数字修约与计算。

(6)监测结果以平均值表示,化学性、生物性和放射性指标平均值符合标准值要求时,为达标;有一项检验结果未达到标准要求时,为不达标。并应对单个项目是否达标进行评价。

八、监测报告

按照室内空气监测报告(表6-4)及室内空气监测报告单(表6-5)的格式要求认真填写。

表6-3　室内空气采样及现场监测原始数据记录表

采样地点________　　　　日期________　　　　气温________

气压________　　　　相对湿度________　　　　风速________

项目	点位	编号	采样时间	采样流量 /($L \cdot min^{-1}$)	浓度 /($mg \cdot m^{-3}$)	仪器名称及编号

现场情况及布点示意图:

备注	

采样及现场监测人员________　　质控人员________　　运送人员________　　接收人员________

表6-4　室内空气监测报告

被监测方	
监测方	
监测地点	
监测日期	
监测项目	
监测仪器(主要仪器)	
监测依据(测试方法)	
评价依据(执行的标准)	

结论:

签发日期:　　年　　月　　日

备注	

采样及分析________　　报告填写________　　审核________　　批准________

表 6-5　室内空气监测报告单

测试地点	测试项目	单位	实测值	标准值	单项判定

采样及分析：________　　报告填写：________　　审核：________　　批准：________

任务二　室内空气中甲醛的测定

室内空气中甲醛的测定方法主要有 AHMT 分光光度法、气相色谱法、乙酰丙酮分光光度法、电化学传感器法、酚试剂分光光度法等。以下对酚试剂分光光度法进行介绍。

一、预习思考

(1)酚试剂分光光度法测定室内空气中甲醛的原理。

(2)测定室内空气中的甲醛，主要干扰物质及消除方法。

(3)甲醛标准储备溶液的标定方法。

(4)样品采集时的采气流量、采气体积和保存时间。

二、实训目的

(1)掌握分光光度计的使用方法。

(2)学会标准曲线定量方法。

(3)掌握酚试剂分光光度法测定室内空气中甲醛的步骤。

三、原理

(一)测定原理

空气中的甲醛与酚试剂反应生成嗪，嗪在酸性溶液中被高铁离子氧化形成蓝绿色化合物。根据颜色深浅，在 630 nm 波长下比色定量。

（二）测量范围

用 5 mL 样品溶液，测量范围为 0.1～1.5 μg，采样体积为 10 L 时，测量范围为 0.01～0.15 mg/m^3。

（三）干扰与消除

当有二氧化硫共存时，可使测定结果偏低。可将气样通过硫酸锰滤纸过滤器予以排除。

四、仪器和试剂

（一）所用仪器

（1）空气采样器。

（2）可见光分光光度计。

（3）10 mL 大型气泡吸收管。

（4）10 mL 具塞比色管。

（二）试剂配制

本方法中所用水均为重蒸馏水或去离子交换水；所用的试剂除特殊注明外，均为分析纯。

（1）吸收液原液：称量 0.10 g 酚试剂[$C_6H_4SN(CH_3)C:NNH_2 \cdot HCl$，MBTH]，加水溶解，置于 100 mL 容量瓶中，加水至刻度。放冰箱中，可稳定保存 3 d。

（2）吸收液：量取吸收原液 5 mL，加 95 mL 水。临用现配。

（3）1%硫酸铁铵溶液：称量 1.0 g 硫酸铁铵[$NH_4Fe(SO_4)_2 \cdot 12H_2O$]用 0.1 mol/L 盐酸溶解，并稀释至 100 mL。

（4）0.100 0 mol/L 碘溶液：称量 40 g 碘化钾，溶于 25 mL 水中，加入 12.7 碘。待碘完全溶解后，用水定容至 1 000 mL。移入棕色瓶中，暗处贮存。

（5）1 mol/L 氢氧化钠溶液：称量 40 g 氢氧化钠，溶入水中，并稀释至 1 000 mL。

（6）0.5 mol/L 硫酸溶液：取 28 mL 浓硫酸缓慢加入水中，冷却后，稀释至 1 000 mL。

（7）硫代硫酸钠[$c(Na_2S_2O_3)=0.100\,0$ mol/L]标准溶液：可购买标准试剂配制。

（8）0.5%淀粉溶液：将 0.5 g 可溶性淀粉，用少量水调成糊状后，再加入 100 mL 沸水，并煮沸 2～3 min 至溶液透明。冷却后，加入 0.1 g 水杨酸或 0.4 g 氯化锌保存。

（9）甲醛标准储备溶液：取 2.8 mL 含量为 36%～38%甲醛溶液，放入 1 L 容量瓶中，加水稀释至刻度。此溶液 1 mL 约相当于 1 mg 甲醛。其浓度用下述碘量法标定。

甲醛标准储备溶液的标定：精确量取 20.00 mL 1 mol/L 硫代硫酸钠溶液，置于 250 mL 碘量瓶中。加入 20.00 mL 0.050 0 mol/L 碘溶液和 15 mL 1 mol/L 氢氧化钠溶液，放置 15 min。加入 20 mL 0.5 mol/L 硫酸溶液，再放置 15 min，用 0.100 0 mol/L 硫代硫酸钠溶液滴定，至溶液呈现淡黄色时，加入 1 mL 0.5%淀粉溶液，继续滴定至蓝色刚刚消失为终点，记录所用硫代硫酸钠溶液体积。同时用水作试剂空白滴定。甲醛溶液的浓度用下式计算：

$$\rho_{溶}=\frac{(V_1-V_2)\times c\times 15}{20}$$

式中　$\rho_{溶}$——甲醛标准储备溶液中甲醛的质量浓度，mg/mL；

V_1——滴定空白时所用硫代硫酸钠标准溶液的体积，mL；

V_2——滴定甲醛溶液时所用硫代硫酸钠标准溶液的体积，mL；

c——硫代硫酸钠标准溶液的摩尔浓度，mol/L；

15——甲醛的换算值。

(10)甲醛标准溶液：临用时，将甲醛标准储备溶液用水稀释成1.00 mL含10 μg甲醛溶液。立即取此溶液10.00 mL于100 mL容量瓶中，加入5 mL吸收原液，用水定容至100 mL，此溶液含100 μg甲醛，放置30 min后，用于配制标准色列。此标准溶液可稳定保存24 h。

五、实训操作

(一)样品采集

用一个装有5 mL吸收液的大型气泡吸收管，以0.5 L/min流量采气10 L。记录采样点的温度和大气压力。采样后样品在室温下应在24 h内分析。

(二)分析测试

1. 标准曲线绘制

(1)取10 mL具塞比色管，用甲醛标准溶液按表6-6制备标准系列。

表6-6　甲醛标准系列

管号	0	1	2	3	4	5	6	7
标准溶液/mL	0	0.20	0.40	0.60	0.80	1.00	1.50	2.00
吸收液/mL	5.00	4.80	4.60	4.40	4.20	4.00	3.50	3.00
甲醛含量/μg	0	0.20	0.40	0.60	0.80	1.00	1.50	2.00

(2)各管中，分别加入0.4 mL硫酸铁铵溶液，摇匀，放置15 min。

(3)用10 mm比色皿，在波长630 nm下，以水作参比，测定各管溶液的吸光度。以甲醛含量为横坐标，空白校正后各管的吸光度为纵坐标，用最小二乘法建立标准曲线的回归方程。

2. 样品测定

(1)将样品溶液全部转入比色管中，用少量吸收液洗吸收管，合并，使总体积为5 mL。按标准曲线绘制的方法测定吸光度。

(2)在每批样品测定的同时，用5mL未采样的吸收液作试剂空白，测定试剂空白的吸光度。

(三)原始记录

认真填写室内空气采样及现场监测原始记录表(表6-7)、甲醛分析(分光光度法)原始数据记录表(表6-8)。

(四)实训室整理

(1)将分光光度计的拉杆推至非测量挡,合上样品室盖,填写仪器使用记录。

(2)将比色皿、比色管等器皿清洗干净,物归原处。

(3)将空气采样器放回原处,填写仪器使用记录。

(4)清理实训台面和地面,保持实训室干净整洁。

(5)检查实训室用水、用电是否处于安全状态。

六、数据处理

按下式计算空气中甲醛的质量浓度:

$$\rho_{空}=\frac{(A-A_0)-a}{V_s\times b}$$

式中 $\rho_{空}$——空气中甲醛的质量浓度,mg/m^3;

A——样品溶液的吸光度;

A_0——试剂空白溶液的吸光度;

a——标准曲线的截距;

b——标准曲线的斜率;

V_s——换算成标准状况下的采样体积,L。

七、实训报告

按照实训报告的格式要求认真填写。

八、实训总结

(1)硫酸锰滤纸的制备:取10 mL浓度为100 mg/mL的硫酸锰水溶液,滴加到250 cm^{2}玻璃纤维滤纸上,风干后切成碎片,装入1.5 mm×150 mm的U形玻璃管中。采样时,将此管接在甲醛吸收管之前。此法制成的硫酸锰滤纸吸收二氧化硫的效能受大气湿度影响很大,当相对湿度大于88%、采气速度为1 L/min、二氧化硫浓度为1 mg/m^{3}时,能消除95%以上的二氧化硫。此滤纸可维持50 h有效,但当相对湿度为15%~35%时,吸收二氧化硫的效能逐渐较低。相对湿度很低时,应换用新制的硫酸锰滤纸。

(2)在每批样品测定的同时,应用5 mL未采样的洗手液作试剂空白。

表 6-7　空气采样及现场监测原始数据记录表

样品种类________　　分析方法________　　分析日期____年____月____日

项目	点位	编号	采样时间 /min	采样流量 /(L·min^{-1})	质量浓度 /(mg·m^{-3})	仪器名称及编号

现场情况及布点示意图：

备注	

采样及现场监测人员________　　质控人员________　　运送人员________　　接受人员________

表 6-8　甲醛分析(分光光度法)原始数据记录表

样品种类________　　分析方法________　　分析日期____年____月____日

标准曲线	标准管号		0	1	2	3	4	5	6	7	标准溶液名称及浓度：________
	标液量	mL									标准曲线回归方程及相关系数：________
		μg									r=________
	A										
	$A-A_0$										方法检出限：________

样品测定	样品编号	取样量 /mL	定容体积 /mL	样品吸光度	空白吸光度	校正吸光度	回归方程计算结果 /μg	样品质量浓度 /(mg·m^{-3})	计算公式：

标准化记录	仪器名称	仪器编号	显色温度 /℃	显色时间/min	参比溶液	波长 /nm	比色皿 /mm	室温 /℃	湿度 /%

分析人________　　校对人________　　审核人________

任务三　总挥发性有机物的测定

TVOC(Total Volatile Organic Compounds)指可以在空气中挥发的有机化合物,从结构上看,可分为芳烃、脂肪烃、卤代脂肪烃、醇类、醛类、酮类、酯类、酚类、有机酸类和有机碱类。《室内空气质量标准》(GB/T 18883—2022)中定义为利用 Tenax GC 或 Tenax TA 采样,非极性色谱柱(极性指数小于 10)进行,保留时间在正己烷(沸点 69%)和正十六烷(沸点 287 ℃)之间的挥发性有机化合物。

一、预习思考

(1)《室内空气质量标准》中 TVOC 的定义。

(2)对室内空气中的 TVOC,如何进行定性、定量分析?

(3)采集后的样品如何进行解吸和浓缩?

(4)气体外标法、液体外标法。

二、实训目的

(1)掌握毛细管气相色谱仪的使用方法。

(2)学会标准曲线定量方法。

(3)掌握气相色谱法测定室内空气中 TVOC 的步骤。

三、原理

(一)测定原理

选择合适的吸附剂(Tenax GC 或 Tenax TA),用吸附管采集一定体积的空气样品,空气流中的挥发性有机化合物保留在吸附管中。将吸附管采集一定体积的空气样品,空气流中的挥发性有机化合物保留在吸附管中。采样后,将吸附管加热,解吸挥发性有机化合物,待测样品惰性载气进入毛细管气相色谱仪。用保留时间定性,用峰高或峰面积定量。

(二)测量范围

适用于浓度范围为 0.5 $\mu g/m^3$ ~ 100 mg/m^3 的空气中 VOCs 的测定。

(三)干扰与消除

采样前处理、活化采样管和吸附剂,使干扰减到最小;选择合适的色谱柱和分析条件,本方法能将多种挥发性有机物分离,使共存物干扰问题得以解决。

四、仪器和试剂

（一）所用仪器

（1）吸附管：外径 6.3 mm、内径 5 mm、长 90 mm 或 180 mm 内壁抛光的不锈钢管或玻璃管，吸附管的采样入口一端有标记。吸附管可以装填一种或多种吸附剂，应使吸附层处于解吸仪的加热区。

（2）注射器：可精确读出 0.1 μL 的 10 μL 液体注射器、可精确读出 0.1 μL 的 10 μL 气体注射器和可精确读出 0.01 mL 的 1 mL 气体注射器

（3）空气采样器。

（4）气相色谱仪：配备氢火焰离子化检测器、质谱检测器或其他合适的检测器。色谱柱：非极性（极性指数小于 10）石英毛细管柱。

（5）热解吸仪：能对吸附管进行二次热解吸，并将解吸气用惰性气体载带进入气相色谱仪。推荐使用有冷阱的热解吸仪。

（6）液体外标法制备标准系列的注射装置：常规气相色谱进样口，可以在线使用也可以独立装配，保留进样口载气连线，进样口下端可与吸附管相连。

（二）试剂和材料

分析过程中使用的试剂应为色谱纯；如果为分析纯，需经纯化处理，保证色谱分析无杂峰。

（1）VOCs：配成所需浓度的标准溶液或标准气体，然后采用液体外标法或气体外标法将其定量注入吸附管。

（2）稀释溶剂：液体外标法所用的稀释溶剂应为色谱纯，在色谱流出曲线中应与待测化合物分离。

（3）吸收液：临用时将显色液和水按 4∶1的比例混合。吸收液的吸光度应小于等于 0.005。

（4）吸附剂：使用吸附剂粒径为 0.25~0.18 mm（60~80 目），吸附剂在装管前应在其最高使用温度下，用惰性气流加热活化处理过夜。为了防止二次污染，吸附剂应在清洁空气中冷却至室温后储存和装管。解吸温度应低于活化温度。若制造商已装好吸附管，使用前也需活化处理。

（5）99.999%高纯氮。

五、实训操作

（一）样品采集

将吸附管与采样泵用塑料或硅橡胶管连接。个体采样时，采样管垂直安装在呼吸带；固定位置采样时，选择合适的采样位置。打开采样泵，调节流量，以保证在适当的时间内获得所需的采样体积 1~10 L。如果总样品量超过 1 mg，采样体积应相应减少。记录采样开始

和结束的时间、采样流量、温度和大气压力。

（二）样品保存

采样后将管取下，密封管的两端，或将其放入可密封的金属或玻璃管中。样品可保存14 d。

（三）分析测试

1. 样品解吸和浓缩

将吸附管安装在热解吸仪上，加热，使有机蒸气从吸附剂上解吸下来，并被载气流带入冷阱，进行预浓缩，载气流的方向与采样时的方向相反。然后再以低流速快速解吸，经传输线进入毛细管气相色谱仪。传输线的温度应足够高，以防止待测成分凝结。

2. 色谱分析条件

可选择膜厚度为1～5 μm、50 mm×0.22 mm的石英柱，固定相可以是二甲基硅氧烷或7%的氰基丙烷、7%的苯基、86%的甲基硅氧烷。柱操作条件为程序升温，初始温度50 ℃保持10 min，以5 ℃/min的速率升温至250 ℃。

3. 标准曲线绘制

（1）气体外标法：用泵准确抽取100 $\mu g/m^3$ 的标准气体100 mL、200 mL、200 mL、1 L、2 L、4 L、10 L，通过吸附管，制备标准系列。

（2）液体外标法：利用液体外标法制备标准系列的进样装置取1～5 μL含液体组分100 μg/mL和10 μg/mL的标准溶液注入吸附管标准系列，以扣除空白后峰面积为纵坐标，以待测物质量为横坐标，绘制标准曲线。

4. 原始记录

每支样品吸附管按绘制标准曲线的操作步骤（即相同的解吸和浓缩条件及色谱分析条件）进行分析，用保留时间定性，用峰面积定量。

（四）原始记录

认真填写室内空气采样及现场监测原始记录表（表6-9）、气相色谱法分析原始记录表（表6-10）。

（五）实训室整理

（1）按正确的顺序关闭气相色谱仪，并填写仪器使用记录。

（2）将空气采样器放回原处，并填写仪器使用记录。

（3）清理实训台面和地面，保持实训室干净整洁。

（4）检查实训室用水、用电是否处于安全状态。

六、数据处理

（1）将采样体积换算成标准状态下的采样体积。

（2）TVOC的计算：

①应对保留时间在己烷和正十六烷之间的所有化合物进行分析。

②计算 TVOC,包括色谱图中从正己烷到正十六烷之间的所有化合物。

③根据单一的校正曲线,对尽可能多的 VOCs 定量,至少应对 10 个最高峰进行定量,最后与 TVOC 一起列出这些化合物的名称和浓度。

④计算已鉴定和定量的挥发性有机化合物的浓度 ρ_{id}。

⑤用甲苯的响应系数计算鉴定的挥发性有机化合物的浓度 ρ_{un}。

⑥ρ_{id} 与 ρ_{um} 之和为 TVOC 的浓度与 TVOC 的值。

⑦如果检测到的化合物超出了 TVOC 定义的范围,那么这些信息应该添加到 TVOC 值中。

(3)空气样品中待测组分的浓度按下式计算:

$$\rho = \frac{m - m_0}{V_s}$$

式中　ρ——空气样品中待测组分的浓度,μg/m^3;

m——样品器中组分的质量,μg;

m_0——空白管中组分的质量,μg;

V_s——换算成标准状态下的余样体积,L。

七、实训报告

按照实训报告的格式要求认真填写。

八、实训总结

(1)按照室内空气监测方案中样品采集的要求进行采样。

(2)空气采样器应定期在采样前进行气密检查和流量校准。

(3)采样前对采样管的吸附剂进行处理和活化。

(4)选择合适的解析条件(解析温度、时间、解析气流量、冷阱的制冷温度、加热温度等)和色谱分析条件。

表 6-9　室内空气采样及现场监测原始数据记录表

采样地点________　　日期________　　气温________

气压________　　相对湿度________　　风速________

项目	点位	编号	采样时间/min	采样流量/(L · min^{-1})	浓度/(mg · m^{-3})	仪器名称及编号

表 6-9　室内空气采样及现场监测原始数据记录表

项目	点位	编号	采样时间/min	采样流量/($L\cdot min^{-1}$)	浓度/($mg\cdot m^{-3}$)	仪器名称及编号

现场情况及布点示意图：

备注	

采样及现场监测人员________　　质控人员________　　运送人员________　　接收人员________

表 6-10　气相色谱法分析原始数据记录表

样品种类________　　分析方法________　　分析日期____年____月____日

色谱仪型号	检测器	色谱柱

测试条件	

校准曲线						质控样	
编号	浓度/($mg\cdot m^{-3}$)	峰高(或峰面积)				质控样编号	
		H_1	H_2	H_3	平均值		
1						标准浓度	
2						峰高(或峰面积)	
3						测定值	
4						校准曲线评价	
5							
6							
回归方程		a		b		r	
计算方式							
样品编号		定容体积/mL	取样体积/mL	峰高(或面积)	溶液浓度/($mg\cdot L^{-1}$)	采样体积/L	样品浓度/($mg\cdot m^{-3}$)

分析人________　　校对人________　　审核人________

项目七　噪声监测

任务一　校园区域环境噪声监测方案的制定

一、实训目的

通过制定校园区域环境噪声监测方案的实训，使学生掌握环境监测方案的制定方法和声环境监测的程序。制定监测方案时应充分收集相关资料，在调查研究的基础上布设监测点位，合理安排采样和采样频次，按国标方法进行监测，规范处理监测数据，并对校园区域环境噪声现状进行简单评价。

二、现场调查和资料收集

在制定监测方案之前，应尽可能完备地收集欲监测区域的有关资料，包括：

(1)监测区域声环境功能区分布情况以及人口分布情况，噪声敏感区域的位置和范围。

(2)监测区域噪声源分布情况及噪声水平。

(3)监测区域道路交通状况。

(4)历年噪声监测资料。

三、监测点位的设置

在对调查研究结果和有关资料进行综合分析的基础上，将要普查监测的校园区域划分成多个等大的正方格，网格要完全覆盖住被普查的区域。每一网格中的道路及非建成区的面积之和不得大于网格面积的50%，否则视为该网格无效。测点布在每一个网格的中心。若网格中心点不宜测量(如为建筑物、树木、水塘等)，应将测点移动到距离中心最近的可测量位置上进行测量。

四、监测因子的确定

对于校园区域环境噪声，监测项目为区域的总体环境噪声水平。也可根据监测时间分为昼间总体环境噪声水平和夜间总体环境噪声水平。

五、监测方法的确定

监测方法按《声环境质量标准》(GB 3096—2008)附录B中的“0~3类声环境功能区普查监测”进行。

六、采样时间和频次的确定

校园区域环境噪声普查监测一般每年一次,于春季或秋季进行。每次监测时间分别在昼间工作时间和夜间22:00~24:00(时间不足可顺延)测量。监测应避开节假日和非正常工作日。在规定的测量时间内,每次每个测点测量10 min的等效声级L_{eq},同时记录噪声主要来源。

七、监测结构分析与评价

将全部网格中心所测得的10 min等效声级L_{eq}做算术平均运算,用平均值代表某一校园区域的总体环境噪声水平,并计算标准偏差。

对照《声环境质量标准》(GB 3096—2008)中某一声环境功能区噪声标准评价区域总体环境噪声状况;根据每个网格中心的噪声值及对应的网格面积,统计不同噪声影响水平上的面积百分比,以及昼间、夜间的达标面积比例。有条件可估算受影响人口。根据噪声污染状况,提出改善校园区域声环境的建议和措施。

普查监测的结果还可用图示法表示,参见表7-1。将测量到的各网格中心的等效声级按5 dB为一档分级(如51~55,56~60,61~65)。用不同的颜色或阴影线表示每一档等效声级,绘制在覆盖某一区域或校园的网格上,用于表示区域或城市的噪声污染分布情况。

表7-1 等级颜色和阴影表示方法

噪声带/dB(A)	颜色	阴影线	噪声带/dB(A)	颜色	阴影线
35以下	浅绿色	小点,低密度	61~65	朱红色	交叉线,低密度
36~40	绿色	中点,中密度	66~70	洋红色	交叉线,中密度
41~45	深绿色	大点,大密度	71~75	紫红色	交叉线,高密度
46~50	黄色	垂直线,低密度	76~80	蓝色	宽条垂直线
51~55	褐色	垂直线,中密度	8L~85	深蓝色	全黑
56~60	橙色	垂直线,高密度			

八、实训报告

按照“校园区域环境噪声监测方案的制定”实训报告(表7-2)的格式要求认真填写。

表 7-2 校园区域环境噪声监测方案的制定实训报告

班级		姓名		学号	
实训时间		实训地点		成绩	

批改意见：

教师签字：

实训目的	
基础资料的收集	基础资料调查表（见下表）
监测点位平面分布图	监测点位平面分布图

基础资料调查表

项目	调查内容	调查结果
校园噪声源	锅炉房	
	建筑施工	
	生活噪声	
校园周围噪声源	邻近交通干线的噪声	
	周边环境的其他噪声	

监测点位平面分布图

表 7-2(续)

	网格编号	监测点位名称	监测结果 L_{eq}/dB(A)	噪声主要来源
监测结果统计	XY01			
	XY02			
	XY03			
	XY04			
	XY05			
	XY06			
	……			
	校园总体环境噪声水平/dB(A)			
	校园区域环境噪声标准值/dB(A)			
区域噪声评价及建议				

任务二　校园区域环境噪声监测

噪声就是人们不需要的声音,不仅包括杂乱无章的无序声音,如机械的摩擦声、交通车辆的嘈杂声和公共场所的喧闹声等,也包括对人的休息、学习和工作有干扰的声音。因此,对噪声的判断不仅是依据物理学的声学上的定义,而且往往与人主管感觉和所处的环境有关。

校园声环境功能区噪声监测方法分为定点监测法和普查监测法,分别用于测量功能区噪声和区域环境噪声。校园区域环境噪声监测方法按《声环境质量标准》(GB 3096—2008)附录 B 中的“0~3 类声环境功能区普查监测”进行。以下采用普查监测法。

一、预习思考

(1)预习《声环境质量标准》。

(2)在噪声监测中应注意哪些因素对结果的影响?

(3)噪声测量对测量仪器有何要求？如何用声校准器对噪声计进行校准？

二、实训目的

(1)掌握校园区域环境噪声监测方法。

(2)掌握对噪声监测数据的统计及评价方法,通过对校园生活区、教学区等不同功能区及校园周边交通噪声污染的评价,为校园及周边噪声污染控制和治理提供依据。

(3)熟悉声级计的使用方法。

三、实训准备

1. 测量仪器的准备

测量仪器选用精度为2型及2型以上的积分平均声级计或环境噪声自动监测仪器,其性能需符合GB 3785—2023和GB/T 17181—1997的规定,并定期校验。测量前后使用声校准器校准测量仪器的示值偏差不得大于0.5 dB,否则测量无效。声校准器应满足GB/T 15173—2010对1级或2级声校准器的要求。测量时传声器应加防风罩。另准备风速仪一台。

2. 测量仪器的校准

准备好符合测量要求的声级计,打开电源待读数稳定后,用声校准器校准仪器。将声级计置于任意计权开关位置,把声级校准器套住声级计的电容传声器头部,调节声级计的“校准”电位器,使声级计读数刚好是声级校准器产生的声压级,对于1英寸①外径的自由场响应电容传声器,校准值为93.6 dB;对于1/2英寸外径的自由场响应电容传声器,校准值为93.8 dB。

四、实训过程

(一)实训步骤

1. 监测点位的布设

将学校划分为200 m×200 m(或自定)的网格,测量点选在每个网格的中心,若中心点的位置不宜测量(如树木、建筑物顶部、水塘等),可移到旁边能够测量的位置。监测点位距离任何反射物(除地面外)至少3.5 m,距地面高度1.2 m以上。

2. 校园区域噪声测量

测量应选在无雨雪、无雷电的天气,应保持声级计传声器膜片清洁。测量风速、风力在三级以上必须加风罩(以避免风噪声干扰),四级以上大风应停止测量。测量一般在白天进行,测量时间为8:00~12:00或14:00~18:00。

在规定的测量时间内,每次每个点位测量10 min的等效连续声级。声级的频率计权选

---

① 1英寸=2.54 cm

A 计权,时间计权选快挡,采样间隔可设为 1 s,测量时间设定为 10 min。

同时,记录测量过程中噪声的主要来源(道路交通、建筑施工、社会生活、工业生产噪声等)。

(二)原始数据记录

认真填写校园区域环境噪声监测原始数据记录表(表 7-3)。

(三)实训室整理

(1)将声级计的开关应置于"关",取出电池并归位。

(2)将风速仪的开关应置于"关",取出电池并归位。

(3)将声级校准器关闭并归位。

(4)清理实训台面和地面,保持实训室干净整洁。

五、数据处理

1. 计算平均值 L_{eq}

将全部网格中心所测得的 10 min 等效声级 L_{eq} 按下式求算术平均值,用平均值代表校园的总体环境噪声水平,并计算标准偏差。

$$L = \frac{1}{n} \sum_{i=1}^{n} L_{oqi}$$

式中 L——某一声环境功能区的总体环境噪声水平,dB;

L_{oqi}——第 i 个测点的 10 min 等效声级 L_{eq},dB;

n——有效网格总数。

2. 结果评价

依据上述计算的等效声级平均值与《声环境质量标准》进行比较,确定是否超标。

六、实训报告

按照实训报告的格式要求认真填写。

七、实训总结

(1)本方法适用于调查城市中某一区域(如校园、居民区、混合区)或整个城市的环境噪声水平,以及环境噪声污染的时间与空间分布规律。

(2)测量应在无雨雪、无雷电天气(因特殊需要,在有雨雪、雷电天气测量,应在报告中说明),风速 5 m/s 以上时,停止测量。

(3)声级计使用的电池电压不足时,应及时更换。更换时电源开关应置于"关",长期不用应将电池取出。

(4)每次测量前均应对声级计进行校准,测量前后使用声校准器校准测量仪器的示值偏差不得大于 0.5 dB,否则测量无效。

(5)在测量时，声级计最好安装在三脚架上，若手持声级计，应使人体与传声器相距 0.5 m 以上。

八、实训考核

实训考核评分标准详见校园区域环境噪声监测评分表(表 7-4)。

表 7-3 校园区域环境噪声监测原始数据记录表

监测方法________ 监测方法________ ____年____月____日

标准化记录	气象条件	声级计名称及型号	声校准器名称及型号	风速仪名称及型号
	风速/(m·s^{-1})	频率计权	时间计权	采样间隔
声级计校准	监测前校准值/dB(A)			
	监测后校准值/dB(A)			
	校准示值偏差/dB(A)			

校园环境区域噪声监测	网格编号	监测点位名称	监测的起止时间	监测结果 L_{eq}/dB(A)	噪声主要来源	校园总体环境噪声水平/dB(A)	校园区域环境噪声标准值/dB(A)

测量人________ 记录人________ 校核人________

表 7-4　校园区域环境噪声监测评分表

班级________　学号________　姓名________　成绩________

考核日期________　开始时间________　结束时间________　考评员________

序号	考核点	分值	评分标准	扣分	得分
(一)	仪器准备	10			
1	声级计	2	检查电压,没有准备的,扣 2 分		
2	声级校准器	2	没有准备的,扣 2 分		
3	风速仪	2	安装电池,没有准备的,扣 2 分		
4	声级计的校准	4	未用声级校准器进行校准的,扣 2 分; 校准操作不正确,扣 2 分		
(二)	噪声监测	32			
1	监测点位的布设	12	网格划分不合理,扣 5 分; 监测点未靠近网格的中心,扣 3 分; 监测点距反射物(除地面外)小于 3.5 m,扣 2 分; 加测点距地面高度小于 1.2 m,扣 2 分		
2	噪声测量	10	时间计权选择不正确,扣 2 分; 频率计权选择不正确,扣 2 分; 采样间隔设定不正确,扣 2 分; 测量时间设定不正确,扣 2 分; 未使人体与传声器相距在 0.5 m 以上,扣 2 分		
3	声级计的使用	10	用手触摸传声器膜片或沾污膜片,扣 5 分; 测定前未加防风罩,扣 3 分; 声级计使用后未关闭,扣 2 分		
(三)	数据记录	34			
1	签字笔填写	2	使用其他笔,扣 2 分		
2	风速测定	2	测定方法不正确,扣 1 分; 未测定,扣 2 分		
3	气象条件	2	不完整,扣 2 分		
4	仪器名称及型号	6	声统计、声校准器、风速仪每缺少一项,扣 2 分		
5	监测点位名称	4	不完整,每出现一次,扣 0.5 分,可累计扣分		
6	监测的起止时间	4	不完整,每出现一次,扣 0.5 分,可累计扣分		
7	车流量测定	2	测定方法不正确,扣 2 分; 未测定,扣 4 分		
8	有效数字运算	6	有效数字运算不规范,一次性扣 2 分		
9	测量人、记录人、校核人	6	每缺少一项,扣 2 分		

表 7-4(续)

序号	考核点	分值	评分标准	扣分	得分
10	原始记录	4	数据为直接填在报告单上、数据不全、有空项,每项扣1分,可累计扣分; 原始记录中缺少计量单位,每出现一次扣1分		
(四)	数据处理与结果评价	14			
1	道路交通噪音平均水平	8	不算不正确,扣4分; 未计算,扣8分		
2	环境噪声标准值	2	未标明噪声标准值,扣2分		
3	结果评价	4	不完整,扣2分; 未评价,扣4分		
(五)	文明操作	10			
1	实训台面	2	实训过程中台面、地面脏乱,一次性扣2分		
2	实训结束仪器物品归位	3	实训结束仪器物品未归位就完成报告,一次性扣3分		
3	仪器损坏	5	仪器损坏,一次性扣5分		
合计					

任务三　工业企业厂界噪声监测

工业企业厂界噪声是指在工业生产活动中使用的固定设备产生的、需要在厂界处进行测量和控制的干扰周围生活环境的噪声。工业企业厂界噪声监测参照《工业企业厂界环境噪声排放标准》(GB 12348—2008)。

一、预习思考

(1)预习《工业企业厂界环境噪声排放标准》。

(2)在测量工业企业厂界噪声时,如何根据不同的监测目的选择相应的布点方式?

(3)如何测量工业企业厂界背景噪声?

二、实训目的

(1)掌握工业企业厂界噪声监测方法。

(2)掌握对噪声监测数据的统计及评价方法。

(3)熟悉声级计的使用方法。

三、实训准备

1. 测量仪器的准备

测量仪器为2型以上积分平均声级计或环境噪声自动监测仪。测量35 dB以下的噪声应使用1型声级计，且测量范围应满足所测量噪声的需要。每次测量前、后必须在测量现场进行声学校准，其前、后校准示值偏差不得大于0.5 dB，否则测量结果无效。另准备风速仪一台。

2. 测量仪器的校准

准备好符合测量要求的声级计，打开电源待读数稳定后，用校准器校准仪器。使用声级校准器进行校准时，声级计可以置于任意计权开关位置。把声级校准器套住声级计的电容传声器头部，调节声级计的“校准”电位器，使声级计读数刚好是声级校准器产生的声压级，对于1英寸外径的自由场响应电容传声器，校准值为93.6 dB；对于1/2英寸外径的自由场响应电容传声器，校准值为93.8 dB。

四、实训过程

（一）实训步骤

1. 测点选择

根据工业企业声源、周围噪声敏感建筑物的布局以及毗邻的区域类别，在工业企业厂界布设多个测点，其中包括距噪声敏感建筑物较近以及受被测声源影响大的位置。

一般情况下，测点选在工业企业厂界外1 m、高度1.2 m以上。当厂界有围墙且周围有受影响的噪声敏感建筑物时，测点应选在厂界外1 m、高于围墙0.5 m以上的位置。若厂界与居民住宅相连，厂界噪声无法测量，测点应设在室内。室内测量点位设在距任一反射面至少0.5 m以上、距地面1.2 m高度处，在受噪声影响方向的窗户开启状态下测量。

2. 工业企业厂界噪声测量

测量应在无雨雪、无雷电天气，风速为5 m/s以下时进行。测量分为昼间、夜间两个时段，在被测声源正常工作时间进行，同时注明当时的工况。

测量时传声器应水平设置并加防风罩，应高于地面1.2 m。选用A计权，调试好后时间计权特性设为快挡（即F挡），采样时间间隔不大于1 s，进行自动测量。被测声源是稳态噪声，测量1 min的等效声级；被测声源是非稳态噪声，测量被测声源有代表性时段的等效声级，必要时测量被测声源整个正常工作时段的等效声级。夜间有频发、偶发噪声影响时，同时测量最大声级。

（二）原始数据记录

认真填写工业企业厂界噪声监测原始数据记录表（表7-5）。

（三）实训室整理

（1）将声级计的开关应置于“关”，取出电池并归位。

（2）将风速仪的开关应置于“关”，取出电池并归位。

（3）将声级校准器关闭并归位。

(4)清理实训台面和地面,保持实训室干净整洁。

五、数据处理

1. 数据处理

噪声测量值与背景噪声值相差大于 10 dB(A)时,噪声测量值不做修正;噪声测量值与背景噪声值相差在 3~10 dB(A)时,噪声测量值与背景噪声值的差值取整后,按表 7-7 进行背景噪声修正;噪声测量值与背景噪声值相差小于 3 dB(A)时,应采取措施降低背景噪声后,再视情况按上述方法进行修正。

表 7-7　噪声监测背景值修正表

差值/dB	3	4~6	7~9
修正值/dB	-3	-2	-1

2. 结果评价

依据《工业企业厂界环境噪声排放标准》,对各个测点的测量结果进行单独评价。同一测点每天的测量结果按昼间、夜间进行评价;最大声级 L_{max} 直接评价。

六、实训报告

按照实训报告的格式要求认真填写。

七、实训总结

(1)本方法适用于工业企业噪声排放的管理、评价及控制。机关、事业单位、团体等对外环境排放噪声的单位也按本方法监控。

(2)在测量工业企业厂界背景噪声时,测量环境要不受被测声源影响,且其他声环境与测量被测声源时要保持一致。测量时段与被测声源测量的时间长度相同。

(3)当厂界与噪声敏感建筑物距离小于 1 m 时,厂界环境噪声在噪声敏感建筑物的室内测量,并将《工业企业厂界环境噪声排放标准》中相应的限值减 10 dB(A)作为评价依据。

(4)声级计使用的电池电压不足时,应及时更换。更换时电源开关应置于"关",长期不用应将电池取出。

(5)每次测量前均应对声级计时行校准,测量前后使用声校准器校准测量仪器的示值偏差不得大于 0.5 dB,否则测量无效。

(6)在测量时,声级计最好安装在三脚架上,若手持声级计,应使人体与传声器相距 0.5 m 以上。

八、实训考核

实训考核评分标准详见工业企业厂界噪声监测评分表(表 7-6)。

表 7-5　工业企业厂界噪声监测原始数据记录表

监测方法________　　监测日期________　　____年____月____日

单位名称________　　单位地址________

测量工况________　　监测目的________

<table>
<tr><td rowspan="4">标准化记录</td><td colspan="3">气象条件</td><td colspan="2">声级计名称及型号</td><td colspan="3">风速仪名称及型号</td><td>声校准器名称及型号</td></tr>
<tr><td colspan="3"></td><td colspan="2"></td><td colspan="3"></td><td></td></tr>
<tr><td colspan="3">风速/(m·s^{-1})</td><td colspan="2">频率计权</td><td colspan="3">时间计权</td><td>采样间隔</td></tr>
<tr><td colspan="3"></td><td colspan="2"></td><td colspan="3"></td><td></td></tr>
<tr><td rowspan="3">声级计校准</td><td colspan="3">监测前校准值/dB(A)</td><td colspan="2"></td><td colspan="3"></td><td></td></tr>
<tr><td colspan="3">监测后校准值/dB(A)</td><td colspan="2"></td><td colspan="3"></td><td></td></tr>
<tr><td colspan="3">监测示值偏差/dB(A)</td><td colspan="2"></td><td colspan="3"></td><td></td></tr>
<tr><td rowspan="9">工业企业厂界噪声监测</td><td rowspan="3">测点编号</td><td rowspan="3">边界所处声环境功能区类别</td><td rowspan="3">主要声源</td><td colspan="5">监测结果 L_{eq}/dB(A)</td><td rowspan="3">测点示意图</td></tr>
<tr><td colspan="2">昼间</td><td colspan="3">夜间</td></tr>
<tr><td>测量值</td><td>背景值</td><td>测量值</td><td>背景值</td><td>最大声级</td></tr>
<tr><td></td><td></td><td></td><td></td><td></td><td></td><td></td><td></td><td rowspan="6"></td></tr>
<tr><td></td><td></td><td></td><td></td><td></td><td></td><td></td><td></td></tr>
<tr><td></td><td></td><td></td><td></td><td></td><td></td><td></td><td></td></tr>
<tr><td></td><td></td><td></td><td></td><td></td><td></td><td></td><td></td></tr>
<tr><td></td><td></td><td></td><td></td><td></td><td></td><td></td><td></td></tr>
<tr><td></td><td></td><td></td><td></td><td></td><td></td><td></td><td></td></tr>
</table>

测量人________　　记录人________　　校核人________

表 7-6　工业企业厂界噪声监测评分表

班级________　　学号________　　姓名________　　成绩________

考核日期________　　开始时间________　　结束时间________　　考评员________

序号	考核点	分值	评分标准	扣分	得分
(一)	仪器准备	10			
1	声级计	2	检查电压,没有准备的,扣 2 分		
2	声级校准器	2	没有准备的,扣 2 分		
3	风速仪	2	安装电池,没有准备的,扣 2 分		
4	声级的校准	4	未用声级校准器进行校准的,扣 2 分; 校准操作不正确,扣 2 分; 未进行校准,扣 4 分		
(二)	噪声监测	32			
1	监测点位的布设	6	监测点位与工业企业厂界的距离不合适,扣 3 分; 监测点距地面高度小于 1.2 m,扣 3 分		

表 7-6(续 1)

序号	考核点	分值	评分标准	扣分	得分
2	工业企业厂界噪声测量	10	时间计权选择不正确,扣 2 分; 频率计权选择不正确,扣 2 分; 采样间隔设计不正确,扣 2 分; 测量时间设定不正确,扣 2 分; 未使人体与传声器相距在 0.5 m 以上,扣 2 分		
3	背景噪声的测量	6	未测量背景噪声,扣 6 分; 声环境与测量被测声源时不一致,扣 3 分;; 与被测声源测量的时间长度不相同,扣 3 分		
4	声级计的使用	10	用手触摸传声器膜片或沾污膜片,扣 5 分; 测定前未加防风罩,扣 3 分; 声级计使用后未关闭,扣 2 分		
(三)	数据记录	34			
1	签字笔填写	2	使用其他笔,扣 2 分		
2	风速测定	2	测定方法不正确,扣 1 分; 未测定,扣 2 分		
3	气象条件	2	不完整,扣 2 分		
4	仪器名称及型号	6	声级计、声校准器、风速仪每缺少一项,扣 2 分		
5	边界所处声环境功能区类别	4	未注明,每出现一次扣 0.5 分,可累计扣分		
6	测点示意图	4	绘制不正确,扣 4 分; 未绘制,扣 4 分		
7	有效数字运算	2	有效数字运算不规范,一次性扣 2 分		
8	测量人、记录人、校核人	6	每缺少一项,扣 2 分		
9	原始记录	6	数据未直接填在报告单上、数据不全、有空项,每项扣 1 分,可累计扣分; 原始记录中缺少计量单位,每出现一次扣 1 分		
(四)	数据处理与结果评价	14			
1	背景值修正	8	修正不正确,扣 4 分; 未进行修正,扣 8 分		
2	环境噪声标准值	2	未标明噪声标准值,扣 2 分		
3	结果评价	4	不完整,扣 2 分; 未评价,扣 4 分		

表 7-9(续 2)

序号	考核点	分值	评分标准	扣分	得分
(五)	文明操作	10			
1	实训台面	2	实训过程中台面、地面脏乱,一次性扣 2 分		
2	实训结束仪器物品归位	3	实训结束仪器物品未归位就完成报告,一次性扣 3 分		
3	仪器损坏	5	仪器损坏,一次性扣 5 分		
合计					

项目八　土壤与固体废物监测

任务一　农田土壤环境监测方案的制定

一、实训目的

通过制定农田土壤监测方案的实训，使学生学会农田土壤环境监测方案的制定方法，掌握农田土壤环境监测的程序和农田土壤环境质量评价的方法等。

二、现场调查和资料收集

在制定监测方案之前，收集所监测的农田土壤环境资料，应进行现场踏勘，将调查得到的信息进行整理和利用，丰富采样工作图的内容。收集的资料主要包括以下内容。

（一）监测区域的自然情况

（1）收集监测区域气候资料（温度、降水量和蒸发量）、水文资料。

（2）收集包括监测区域的交通图、土壤图、地质图、大比例尺地形图等资料，供制作采样工作图和标注采样点位用。

（3）收集土壤历史资料和相应的法律（法规）。

（二）监测区域的土壤利用情况

（1）收集监测区域遥感与土壤利用及其演变过程方面的资料等。

（2）收集监测区域作物生长及产量的资料。

（三）监测区域的土壤性状

（1）收集包括监测区域土类、成土母质等土壤信息资料。

（2）收集造成土壤污染事故的主要污染物的毒性、稳定性以及如何消除等资料。

（3）收集监测区域工农业生产及排污、污灌、化肥农药施用情况等资料。

三、监测点位的布设

根据调查目的、调查精度和调查区域环境状况等因素确定监测单元。大气污染型土壤监测单元和固体废物堆污染型土壤监测单元以污染源为中心放射状布点，在主导风向和地表水的径流方向适当增加采样点(离污染源的距离远于其他点);灌溉水污染监测单元、农用固体废物污染型土壤监测单元和农用化学物质污染型土壤监测单元采用均匀布点;灌溉水污染监测单元采用按水流方向带状布点,采样点自纳污口起由密渐疏;综合污染型土壤监测单元布点采用综合放射状、均匀状、带状布点法。

四、监测项目的确定

农田土壤监测项目分常规项目、特定项目和选测项目,如表 8-1 所示。常规项目主要考察土壤污染对农作物的影响情况,可根据《土壤环境质量 农用地土壤污染风险管控标准》(GB 15618—2018)和《土壤环境监测技术规范》(HJ/T 166—2004)选取,特定项目根据污染事故发生后排放的污染物情况选取,选测项目可根据农田的实际情况和监视、监督的侧重点进行选择。

表 8-1 土壤监测项目与监测频次

项目类别		监测项目
常规项目	基本项目	pH、阳离子交换量
	重点项目	镉、铬、汞、砷、铅、铜、锌、镍 六六六、滴滴涕
特定项目(污染事故)		特征项目
选测项目	影响产量项目	全盐量、硼、氟、氮、磷、钾等
	污水灌溉项目	氰化物、六价铬、挥发酚、烷基汞、苯并[a]芘、有机质、硫化物、石油类等
	POPs 与高毒类农药	苯、挥发性卤代烃、有机磷农药、PCB、PAH 等
	其他项目	结合态铝(酸雨区)、硒、钒、氧化稀土总量、钼、铁、锰、镁、钙、铝、硅、放射性比活度等。

五、分析方法的确定

分析方法参照《土壤环境质量 农用地土壤污染风险管控标准》和《土壤环境监测技术规范》以及其他相关的国家标准分析方法。

六、采样时间和频次的确定

土壤某些性质可因季节不同而有变化,因此应根据不同的目的确定适宜的采样时间,同一时间内采取的土样分析结果才能相互比较。常规项目和选测项目一般每年监测一次,在夏收或秋收后采样农田土壤样品。特定项目应在污染事故发生后及时采样,并根据污染物变化趋势决定监测频次。

七、监测结果分析与评价

（一）监测结果分析

监测结果的原始数据要根据有效数字的保留规则正确书写，监测数据的运算要遵循运算规则。在数据处理中，对出现的可疑数据，首先从技术上查明原因，然后再用统计检验处理，经检验验证属离群数据应予剔除，以使测定结果更符合实际。

平行样的测定结果用平均数表示；低于分析方法检出限的测定结果以“未检出”报出，参加统计时按二分之一最低检出限计算。土壤样品测定一般保留三位有效数字，含量较低的镉和汞保留两位有效数字，并注明检出限数值。分析结果的精密度数据，一般只取一位有效数字，当测定数据很多时，可取两位有效数字。

（二）监测结果评价

对照《土壤环境质量标准》等相关标准，对农田土壤环境质量进行分析和评价，分析污染物的来源，提出改善农田土壤环境质量的建议和措施。

农田土壤环境质量评价一般以单项污染指数为主，指数小污染轻，指数大污染重。当区域内土壤环境质量作为一个整体与外区域进行比较或与历史资料进行比较时，除用单项污染指数外，还常用综合污染指数。综合污染指数反映了各污染物对土壤的作用，同时突出了高浓度污染物对土壤环境质量的影响。

$$\text{土壤单项污染指数} = \text{土壤污染物实测值} / \text{土壤污染物质量标准}$$

$$\text{土壤综合污染指数}(P_N) = [(P_{I均}^2 + P_{I最大}^2)/2]^{1/2}$$

式中，$P_{I均}$ 和 $P_{I最大}$ 分别是平均单项污染指数和最大单项污染指数。

可按土壤综合污染指数划定污染等级，详见表 8-2。

表 8-2　土壤综合污染指数评价标准

等级	综合污染指数	污染等级
Ⅰ	$P_N \leq 0.7$	清洁（安全）
Ⅱ	$0.7 < P_N \leq 1.0$	尚清洁（警戒线）
Ⅲ	$1.0 < P_N \leq 2.0$	轻度污染
Ⅳ	$2.0 < P_N \leq 3.0$	中度污染
Ⅴ	$P_N > 0.3$	重污染

八、实训报告

按照农田土壤环境监测方案的制定实训报告（表 8-3）的格式要求认真填写。

表 8-3 农田土壤环境监测方案的制定实训报告

班级		姓名		学号	
实训时间		实训地点		成绩	

批改意见：

教师签字：

基础资料的收集

基础资料调查表

项目	调查内容
自然情况	
土壤利用情况	
土壤性状	
污染历史及现状	

监测点位平面分布图

监测点位平面分布图

监测项目的确定

监测项目表

常规监测项目	
特定项目	
选测项目	

表 8-3(续)

分析方法的确定

监测项目的分析方法及检出下限表

序号	监测项目	预处理方法	分析方法	标准代码	检出下限

监测结果统计

土壤环境监测结果统计表

采样点	项目分析结果/($mg \cdot kg^{-1}$)							
1								
2								
3								
4								
…								
平均值								
标准值								
超标倍数								

结果评价及合理化建议

农田环境质量评价

监测项目						
样品数						
检出率						
浓度范围/($mg \cdot kg^{-1}$)						
二级标准值/($mg \cdot kg^{-1}$)						
土壤单项污染指数						
土壤综合污染指数						
土壤污染水平						

合理化建议：

任务二　土壤中铜、锌的测定

铜和锌均是作物生长发育必需的营养元素，也是人体糖代谢过程中必需的微量元素。但铜和锌过量时又都是有害的，铜过量达 100 mg，就会刺激消化系统，引起腹痛、呕吐，长期过量可促使肝硬化。锌过量时会引起发育不良、新陈代谢失调、腹泻等症状。一般来说，锌的毒性较铜弱。土壤中的铜、锌污染主要是由冶炼厂、矿产开采以及电镀工业的“三废”排放造成的。

测定土壤中铜、锌含量的标准分析方法是《土壤质量 铜、锌的测定 火焰原子吸收分光光度法》(GB/T 17138—1997)。

一、预习思考

(1)原子吸收分光光度法测定铜、锌含量时，所用光源是否相同？

(2)配制铜、锌混合标准使用液时，所用溶剂是什么？

(3)硝酸在测定中的主要作用是什么？

二、实训目的

(1)了解原子吸收分光光度法的原理。

(2)掌握土壤样品的消解方法。

(3)掌握原子吸收分光光度法测定土壤中铜、锌含量的原理和步骤。

三、原理

采用盐酸-硝酸-氢氟酸-高氯酸全消解的方法，彻底破坏土壤的矿物晶格，使试样中的待测元素全部进入试液。然后，将土壤消解液喷入空气-乙炔火焰中，在火焰的高温下，铜、锌化合物离解为基态原子，该基态原子蒸汽对相应的空心阴极灯发射的特征谱线产生选择性吸收。在选择的最佳测定条件下，测定铜、锌的吸光度。

四、实训准备

(一)样品准备

将采集的土壤样品(一般不少于 500 g)混匀后，用四分法缩分至约 100 g。缩分后的土样经风干(自然风干或冷冻干燥)后，除去土样中石子和动植物残体等异物，用木棒(或玛瑙棒)研压，通过 2 mm 尼龙筛(除去 2 mm 以上的沙砾)，混匀。用玛瑙研钵将通过 2 mm 尼龙筛的土样研磨至全部通过 100 目(孔径 0.149 mm)尼龙筛，混匀后备用。

(二)实训仪器

原子吸收分光光度计(带有背景扣除装置)、铜空心阴极灯、锌空心阴极灯、乙炔钢瓶、空气压缩机(应备有除水、除油和除尘装置)等。

不同型号仪器的最佳测试条件不同,可根据仪器使用说明书自行选择。通常采用表 8-4 中的测量条件。

表 8-4 仪器测量条件

元素	铜	锌
测定波长/nm	324.8	213.8
通带宽度/nm	1.3	1.3
灯电流/mA	7.5	7.5
火焰性质	氧化性	氧化性
其他可测定波长/nm	327.4,225.8	307.6

(三)实训试剂

(1)盐酸(HCl),ρ=1.19 g/mL,优级纯。

(2)硝酸(HNO_3),ρ=1.42 g/mL,优级纯。

(3)(1:1)硝酸溶液。

(4)硝酸溶液,体积分数为 0.2%。

(5)氢氟酸(HF),ρ=1.49 g/mL。

(6)高氯酸($HClO_4$),ρ=1.68 g/mL,优级纯。

(7)硝酸镧[$La(NO_3)_3 \cdot 6H_2O$]水溶液,质量分数为 5%。

(8)铜标准储备液,1.000 mg/mL:准确称取 1.000 0 g(精确至 0.000 2 g)光谱纯金属铜于 50 mL 烧杯中,加入 20 mL (1:1)硝酸溶液,微热溶解。冷却后转移至 1 000 mL 容量瓶中,用水定容至标线,摇匀。

(9)锌标准储备液,1.000 mg/mL:准确称取 1.000 0 g(精确至 0.000 2 g)光谱纯金属锌粒于 50 mL 烧杯中,加入 20 mL(1:1)硝酸溶液,微热溶解。冷却后转移至 1 000 mL 容量瓶中,用水定容至标线,摇匀。

(10)铜、锌混合标准使用液,铜 20.0 μg/L、锌 10.0 μg/L:临用前将铜、锌标准储备液,用 0.2%硝酸溶液经逐级稀释配制。

五、实训操作

实验 土壤中铜、锌的测定

(一)操作步骤

1. 样品的消解

准确称取通过 0.149 mm 孔径尼龙筛的风干土样 0.2~0.5 g(精确至 0.000 2 g)于50 mL 聚四氟乙烯坩埚中,用几滴水润湿后,加入 10 mL HCl,于通风橱内的电热板上低温加热,使样品初步分解,蒸发至约 3 mL 时,取下冷却,然后加入 5 mL HNO_3、5 mL HF、3 mL$HClO_4$,加盖后于电热板上中温加热 1 h 左右,然后开盖,继续加热除硅,为了达到良好的除硅效果,应经常摇动坩埚。当加热至冒浓厚高氯酸白烟时,加盖,使黑色有机碳化物充分分解。待坩埚上的黑色有机物消失后，开盖驱赶白烟并蒸至内溶物呈黏稠状，视消解情况，可再加入 3 mL HNO_3、3 mL HF、1 mL $HClO_4$，重复上述消解过程。当白烟再次基本冒尽且内容物呈黏稠状，取下冷却，用水冲洗坩涡盖和内壁，并加入 1 mL (1:1)硝酸溶液，温热溶解残渣，然后将溶液转移至 50 mL 容量瓶中，加入 5 mL 硝酸镧溶液，冷却后，定容，摇匀待测。

2. 标准曲线的绘制

准确移取铜、锌混合标准使用液 0. 00 mL、0. 50 mL、1. 00 mL、2. 00 mL、3. 00 mL、5. 00 mL 于 50 mL 容量瓶中，加入 5 mL 硝酸镧溶液，用 0. 2%硝酸溶液定容。该标准溶液含铜 0 mg/L、0. 20 mg/L、0. 40 mg/L、0. 80 mgL、1. 20 mg/L、2. 00 mg/L，含锌 0 mg/L、0. 10 mg/L、0. 20 mg/L、0. 40 mg/L、0. 60 mg/L、1. 00 mg/L。在上述选定的火焰原子吸收测量条件下，用 0. 2%硝酸溶液调零后，按浓度由低到高顺序分别测定不同标准系列溶液的吸光度。

用减去空白的吸光度与相对应的元素含量(mg/L)，分别绘制铜、锌的标准曲线。

3. 空白试验

用去离子水代替试样，采用和样品硝化相同的步骤和试剂，制备全程序空白溶液。每批样品至少制备 2 个以上的空白溶液。

4. 样品和空白的测定

在标准溶液测量的同时，测定空白和试样的吸光度。根据扣除空白后试样的吸光度，从标准曲线查出试样中铜、锌的含量。

(三) 原始数据记录(表 8-5)

(1) 测定结束后，先关闭乙炔钢瓶压力阀，再关闭空压机。

(2) 将原子吸收分光光度计各开关旋钮置于初始位置。

(3) 关闭仪器电源开关，拔掉电源插头。

(4) 清理实训台面和地面，保持实训室干净整洁。

(5) 检查实训室用水、用电是否处于安全状态。

六、数据处理

土壤样品中铜、锌的含量 W(mg/kg) 按下式计算：

$$W=\frac{\rho\times V}{m\times W_{dm}}$$

式中 W——土壤样品中铜、锌的含量，mg/kg；

ρ——试剂的吸光度减去空白试验的吸光度，然后在标准曲线上查得铜、锌的含量，mg/L；

V—试液定容的体积，mL；

m——风干土样的重量，g；

W_{dm}——风干土样中的干物质含量，%。

七、实训报告

按照实训报告的格式要求认真填写。

八、实训总结

(1)方法的最低检出限(按称取0.5 g试样消解定容至50 mL计算),锌为0.5 mg/kg,铜为1 mg/kg。

(2)细心控制硝化温度,升温过快反应物易溢出或炭化。

(3)土壤硝化物若不呈灰白色,应补加少量高氯酸,继续硝化。由于高氯酸对空白影响大,要控制用量。

(4)高氯酸具有氧化性,应待土壤里大部分有机质硝化完反应物,冷却后再加入,或者在常温下,有大量硝酸存在下加入,否则会使杯中样品溅出或爆炸,使用时务必小心。

(5)当土壤消解液中铁含量大于100 mg/L时,抑制锌的吸收,加入硝酸镧可消除共存成分的干扰。

九、实训考核

实训考核评分标准见土壤中铜、锌测定的操作评分表(表8-6)。

表8-5　土壤中铜、锌测定原始数据记录表

样品种类________　分析项目________　分析方法________　分析日期____年____月____日

	标准管号	0	1	2	3	4	5	6	7	
铜标线	浓度/($\mu g \cdot mL^{-1}$)									标准溶液名称及浓度:________ ________
	A									铜标准曲线方程及相关系数:________
	$A-A_0$									r=________
锌标线	浓度/($\mu g \cdot mL^{-1}$)									锌标准曲线方程及相关系数:________
	A									r=________
	$A-A_0$									

	样品编号	土样的质量/%	土样干物质含量/%	试剂定容体积/mL	测定项目	空白吸光度	样品吸光度	校正吸光度	方程计算浓度/($\mu g \cdot mL^{-1}$)	铜/锌含量/($mg \cdot kg^{-1}$)	计算公式:________ 相对标准偏差/%:________ 铜的测定:________ 锌的测定:________
样品测定	1				铜						
					锌						
	2				铜						
					锌						
	3				铜						
					锌						

分析人________　记录人________　校核人________

表 8-6 土壤中铜、锌测定的操作评分表

班级________ 学号________ 姓名________ 成绩________

考核日期________ 开始时间________ 结束时间________ 考评员________

序号	考核要点	分值	评分标准	扣分	得分
(一)	仪器准备	5			
1	玻璃仪器洗涤	2	玻璃仪器洗涤干净后内壁应不挂水珠,否则一次性扣2分		
2	原子吸收分光光度计预热	3	仪器未进行预热或预热时间不够,扣3分		
(二)	标准系列的配制	15			
1	标准系列的配制	5	每个点取液应从零分度开始,出现不正确项1次扣0.5分,但不超过该项总分4分(工作液可放回剩余溶液中再取液,辅助试剂可在移液管吸干后从原试剂中取液); 只选用一支吸量管移取标液,不符合扣1分		
2	溶液配制过程中的有关操作	10	标准液或其他溶液使用前未摇匀,扣1分; 移液管未润洗或润洗方法不正确,扣1分; 移液管插入溶液前或调节液面前未处理管尖溶液的,扣1分; 移液管管尖触底,扣1分; 移液出现吸空现象,扣1分; 移液管放液不规范,扣1分; 洗瓶管尖接触容器,扣1分; 容量瓶加水至近标线未等待,扣1分; 容量瓶未充分混匀或中间未开塞,扣1分; 持瓶方式不正确,扣1分		
(三)	原子吸收分光光度计的使用	36			
1	测定前的准备	18	开机顺序不正确,扣2分; 空心阴极灯的选择不正确,扣2分; 分析线波长的选择不正确,扣2分; 灯电流的选择不符合要求,扣2分; 空气流量的选择不正确,扣2分; 乙炔流量的选择不正确,扣2分; 夹缝宽度的选择不正确,扣2分; 燃烧器高度的选择不正确,扣2分; 燃助比的选择不正确,扣2分		

表 8-6(续)

序号	考核要点	分值	评分标准	扣分	得分
2	测定操作	10	试样的采取不正确,扣 3 分; 没有用去离子水调节吸光度,扣 3 分; 吸光度的读数不正确,扣 4 分		
3	测定后的处理	8	测定完毕后没有用去离子水喷雾,扣 2 分; 测定后玻璃器皿没有清洗或没有清洗干净,扣 2 分; 测定完毕后关机的顺序不正确,扣 2 分; 未关闭仪器电源,扣 2 分		
(四)	数据记录和结果计算	36			
1	标准曲线取点	1	取点不少于 7 个(含试剂空白),不符合扣 1 分		
2	标准曲线的绘制	4	绘制方法错误,扣 0.5 分; 坐标比例不当,扣 0.5 分; 坐标有效数字不对,扣 0.5 分; 缺少曲线名称、坐标、单位、回归方程、相关系数,每一项扣 0.5 分(请在扣分项上打√)		
3	原始记录	6	数据未直接填在报告单上、数据不全、有空项,每项扣 1 分,可累计扣分; 原始记录中缺少计量单位,每出现一次扣 1 分; 没有进行仪器使用登记,扣 2 分		
4	回归方程的计算	4	回归方程式的斜率和截距未保留 3 位有效数字,扣 0.5 分; 回归方程式的斜率和截距未保留 3 位有效数字,扣 0.5 分		
5	标准曲线性	10	$r \geq 0.9999$,不扣分; $r = 0.9991 \sim 0.9998$,扣 1~8 分; $r < 0.999$,不得分		
6	测定结果	11	有效数字不正确,扣 1 分; 结果计算错误,扣 5 分; 平行测定的相对标准偏差超出要求,扣 5 分		
(五)	文明操作	8			
1	实训过程中的台面	2	实训过程中台面、地面脏乱,一次性扣 2 分		
2	实训后台面	2	实训后台面未清理,扣 2 分		
3	实训结束清洗仪器、试剂物品归位	2	实训结束未清洗仪器或试剂物品未归位,扣 2 分		
4	仪器损坏	2	仪器损坏,一次性扣 2 分		
总计					

任务三　土壤中六六六和滴滴涕的测定

六六六、滴滴涕及其异构体或代谢物因杀虫效力强，曾经被作为农药大量使用，但是其物理化学性质稳定，难以降解，易在环境中累积，对土壤环境和人体健康具有潜在危险，属于持久性有机污染物。土壤中的有机氯农药残留对陆地生物有直接危害，也可通过地表径流释放到水体，影响水生生物，并通过农产品食物链的生物富集和扩大效应对人体造成间接危害。因此，对于土壤中痕量六六六、滴滴涕的残留检测就显得尤为重要。

测定土壤中六六六和滴滴涕的标准分析方法为《土壤中六六六和滴滴涕的气相色谱法》(GB/T 14550—2003)。

一、预习思考

(1)为何采用丙酮-石油醚进行有机氯农药的提取？

(2)在纯化过程中，浓硫酸主要去除哪些干扰物质？

(3)用浓硫酸纯化时，不分层的原因是什么？如何解决？

二、实训目的

(1)了解从土壤样品中提取有机氯农药的方法。

(2)掌握外标法测定土壤中六六六、滴滴涕的原理和步骤。

(3)了解气相色谱仪的结构及操作技术。

三、原理

本方法采用丙酮-石油醚提取，以浓硫酸净化，用带电子捕获检测器的气相色谱仪测定。根据色谱峰进行两种物质异构体的定性分析；根据峰高(或峰面积)进行各组分的定量分析。样品中的有机磷农药、不饱和烃以及邻苯二甲酸酯等有机化合物在电子捕获鉴定器上也有响应。

四、实训准备

(一)样品的采集和保存

1. 样品的采集

根据不同的分析目的采集土壤样品，风干去杂物，研碎过 60 目筛，充分混匀，取 500 g 装入样品瓶中备用。

2. 样品的保存

土壤样品采集后应尽快分析，如暂不分析应保存在-18 ℃冷冻箱中。

（二）实训仪器

（1）附有电子捕获检测器的气相色谱仪。

（2）水分快速测定仪。

（3）50 mL 脂肪提取器。

（4）5 μL、10 μL 微量注射器。

（5）蒸发浓缩器。

（6）水浴锅。

（7）其他常规实训室仪器、用具。

（三）实训试剂

（1）石油醚：沸程为 60~90 ℃，重蒸馏，色谱进样无干扰峰。

（2）丙酮：重蒸馏，色谱进样无干扰峰。

（3）无水硫酸钠：300 ℃烘 4 h，放入干燥器中备用。

（4）无水硫酸钠：2%。

（5）硫酸钠溶液：20 g/L。

（6）浓硫酸：密度为 1.84 g/mL。

（7）硅藻土：30~80 目。

（8）色谱标准样品。

①标准样品的制备：准确称取一定量的色谱纯标准样品（α-六六六、β-六六六、γ-六六六、δ-六六六、p,p'-DDE、o,p'-DDT、p,p'-DDD、p,p'-DDT，含量 98%~99%）每种 100 mg，溶于异辛烷（β-六六六先用少量苯溶解），在容量瓶中定容至 100 mL，于 4℃下贮存。

②中间溶液：用移液管量取八种储备液，移至 100 mL 容量瓶中，用异辛烷稀释至刻度。八种储备液取的体积比为：$V(\alpha\text{-六六六}):V(\gamma\text{-六六六}):V(\beta\text{-六六六}):V(\delta\text{-六六六}):V(p,p'\text{-DDE}):V(o,p'\text{-DDT}):V(p,p'\text{-DDD}):V(p,p'\text{-DDT})=1:1:3.5:1:3.5:5:3:8$。

③标准工作液的配制：根据检测器的灵敏度及线性要求，用石油醚稀释中间溶液，配制成几种浓度的标准工作液，在 4 ℃下贮存。

（9）载气：纯度为 99.99%的氮气，经去氧管过滤，其中氧的含量小于 5×10^{-6}，氢的含量小于 1.0×10^{-6}。

五、实训操作

（一）操作步骤

1. 样品的预处理

（1）提取。

称取经风干过 60 目筛的土壤 20.00 g（另取 10.00 g 测定干物质含量置于小烧杯中，加蒸馏水 2 mL、硅藻土 4 g，充分混匀，无损地移入滤纸筒内，上部盖一片滤纸，将滤纸筒装入索氏提取器中，加入 100 mL（1:1）石油醚-丙酮浸泡土样 12 h 后，在 75~95 ℃恒温水浴上加热提取 4 h。待冷却后，将提取液移入 300 mL 的分液漏斗中，用 10 mL 石油醚分三次冲洗提取器及烧瓶，将洗液并入分液漏斗中，加入 100 mL 硫酸钠溶液，振摇 1 min，静止分层后，弃去下层丙酮水溶液，留下石油醚提取液待净化。

(2)纯化。

在盛有石油醚提取液的分液漏斗中加入 6 mL 浓硫酸，开始轻轻振摇，并不断将分液漏斗中因受热释放的气体放出，以防压力太大引起爆炸，然后剧烈振摇 1 min。静止分层后弃去下部硫酸层。用硫酸纯化数次，视提取液中杂质多少而定，一般 1~3 次，直至加入的石油醚提取液二相界面清晰呈无色透明时止。然后向弃去硫酸层的石油醚提取液中加入 15 mL 硫酸钠溶液。振摇十余次，待其静置分层后弃去水层。如此重复至提取液呈中性时止(一般 2~4 次)，上层石油醚提取液通过铺有 1 cm 厚的无水硫酸钠层的漏斗(漏斗下部用脱脂棉支撑无水硫酸钠)，脱水后的石油醚提取液收集于 50 mL 容量瓶中，无水硫酸钠层用少量石油醚洗涤 2~3 次。洗涤液也收集于上述容量瓶中，加石油醚稀释至刻度，供色谱测定(如浓度过低可进行浓缩)。

2. 气相色谱测定

(1)色谱分析条件

检测器：电子捕获检测器。

色谱柱：DH-5 毛细管柱，长 30 cm。

柱箱温度：初始温度为 60 ℃，以 20 ℃/min 升温速率升至 180 ℃，再以 10 ℃/min 升温速率升至 240 ℃。

汽化室温度：250 ℃。

检测器温度：300 ℃。

载气：氮气。

流速：根据仪器的情况选用。

(2)样品分析

仪器稳定后，开始样品分析(一个样品连续注射进样两次，其峰高相对偏差不大于 7%，即认为仪器处于稳定状态)。

手动进样：用清洁注射器在待测样品中抽吸几次，排除所有气泡后，抽取所需进样体积，迅速注射入色谱仪中，立即拔出注射器并启动程序升温。

自动进样器进样：将装有试样的自动进样瓶依序放入自动进样器中，仪器稳定后即自动进入进样程序和升温程序。

使用标准样品进行周期性的重复校准，仪器的稳定性决定周期长短。若仪器稳定，可测定 4~5 个试样校准一次。标准样品与试样尽可能同时进样分析，进样体积要相同。

(二)原始数据记录

按照土壤中六六六和滴滴涕的测定原始数据记录表(表 8-7)的格式要求认真填写。

(三)实训室整理

(1)测定结束后，先关电，待检测器温度降至 120 ℃以下时，再关闭载气。

(2)注射器、自动进样瓶等器皿清洗干净，物归原处。

(3)清理实训台面和地面，保持实训室干净整洁。

(4)检查实训室用水、用电是否处于安全状态。

六、数据处理

（一）定性分析

根据标准色谱图各组分的保留时间来确定被测试样中出现的组分数目和组分名称。如图 8-1 所示，组分的出峰次序是：α-六六六、γ-六六六、β-六六六、δ-六六六、p,p'-DDE、o,p'-DDT、p,p'-DDD、p,p'-DDT。

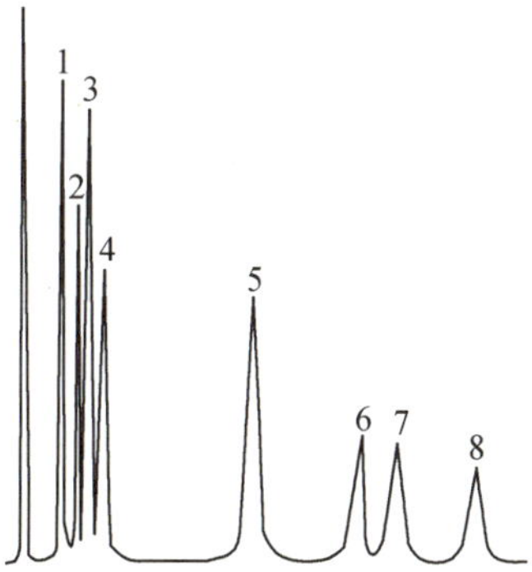

1—α-六六六；2—γ-六六六；3—β-六六六；4—δ-六六六；5—p,p'-DDE；6—o,p'-DDT；7—p,p'-DDD；8—p,p'-DDT。

图 8-1　六六六、滴滴涕气相色谱图

（二）定量分析

1. 色谱峰的测量

以峰的起点和终点的连线作为峰底，以峰高极大值对时间轴作垂线，对应的时间即为保留时间，此线从峰顶至峰底间的线段即为峰高。

2. 计算

$$R_i = \frac{h_i \times m_{is} \times V}{h_{is} \times V_i \times G \times W_{dm}}$$

式中　R_i——样品中 i 组分农药的含量，mg/kg；

h_i——样品中 i 组分农药的峰高（或峰面积），cm（cm^2）；

m_{is}——标样中 i 组分农药的绝对量，ng；

V—样品定容体积，mL；

h_{is}——标样中 i 组分农药的峰高（或峰面积），cm（cm^2）；

V_i——样品的进样量，μL；

G——风干土样的质量，g；

W_{dm}——风干土样中的干物质含量，%。

所有计算结果保留两位有效数字。

七、实训报告

按照实训报告的格式要求认真填写。

八、实训总结

(1)本方法的最低检测浓度为0.000 05~0.004 87 mg/kg。

(2)进样量要准确,进样动作要迅速。每次进样后,为避免样品互相干扰影响测定结果,注射器一定要用石油醚洗净,再用样品润洗。

(3)纯化时若出现乳化现象,可用过滤、离心或反复滴液的方法解决。

(4)如果土样中农药残留量极低,则纯化后的石油醚提取液可用K-D浓缩器进行浓缩。

(5)石油醚易挥发起火,室内不能有明火,提取操作要在通风橱内进行。

九、实训考核

实训考核评分标准详见土壤中六六六和滴滴涕测定评分表(表8-8)。

表8-7　土壤中六六六和滴滴涕测定原始数据记录表

样品种类________　分析项目________　分析方法________　分析日期____年____月____日

	组分	α-六六六	β-六六六	γ-六六六	δ-六六六	p,p'-DDE	o,p'-DDT	p,p'-DDD	p,p'-DDT
定性分析	标样保留时间/min								
	样品保留时间/min								
	结论								
定量分析	标样中的量/ng								
	标样中的峰高/cm								
	样品中的峰高/cm								
	样品定容体积/mL								
	样品的进样量/μL								
	风干土样的质量/g								
	土样的干物质含量/%								
	各组分的含量/(mg·kg^{-1})								

分析人________　记录人________　校核人________

表 8-8　土壤中六六六和滴滴涕测定的操作评分表

班级________　学号________　姓名________　成绩________
考核日期________　开始时间________　结束时间________　考评员________

序号	考核要点	分值	评分标准	扣分	得分
(一)	仪器准备	7			
1	仪器准备	2	玻璃仪器洗涤干净后内壁应不挂水珠,否则一次性扣2分		
2	气路的安装检查与检漏	5	未检查钢瓶与减压阀的连接,扣1分; 未检查减压阀与气体管道的连接,扣1分; 未检查气体管道与净化器的连接,扣1分; 未检查净化器与气相色谱仪的连接,扣1分; 未进行气路检漏,扣1分		
(二)	标准工作液的配制	10	标准液使用前未摇匀,扣1分; 移液管未润洗或润洗方法不正确,扣1分; 移液管插入溶液前或调节液面前未处理管尖溶液,扣1分; 移液管管尖触底,扣1分; 移液出现吸空现象,扣1分; 移液管放液不规范,扣1分; 洗瓶管尖接触容器,扣1分; 容量瓶加水至近标线未等待,扣1分; 容量瓶未充分混匀或中间未开塞,扣1分; 持瓶方式不正确,扣1分		
(三)	样品的预处理	31			
1	样品的称量	6	未检查天平水平,扣2分; 试样撒落,扣2分; 读数及记录不正确,扣2分		
2	索氏提取的预处理	8	索氏提取器安装不正确,扣1分; 样品未充分混匀,扣1分; 样品移入滤纸筒时有撒落,扣1分; 滤纸筒破损,扣1分; 石油醚-丙酮提取液配比不对,扣1分; 水浴温度设置不对,扣1分; 提取后未将提取液移入分液漏斗,扣1分; 未用石油醚冲洗提取器及烧瓶,扣1分		
3	萃取操作	5	分液漏斗活塞涂凡士林,扣1分; 分液漏斗的拿取方法不正确,扣1分; 振摇过程中未开启活塞排气,扣1分; 未待静止分层即放液,扣1分; 放液时分液漏斗颈未紧靠烧杯内壁,扣1分		

表 8-8(续)

序号	考核要点	分值	评分标准	扣分	得分
4	样品溶液的纯化	12	浓硫酸净化结束时,石油醚提取液二相界面未达到清晰且呈无色透明的状态,扣3分; 加硫酸钠溶液除酸后,未检查提取液是否为中性,扣3分; 石油醚提取液未脱水,扣3分; 石油醚提取液未定容,扣3分		
(四)	气相色谱仪的使用	30			
1	气体的打开与设置	8	气体钢瓶总阀和减压阀操作不正确,扣2分; 气体钢瓶输出压力设置不正确,扣2分; 载气流量的设置不正确,扣2分; 先开仪器电源开关与加热开关,后开载气,扣2分		
2	色谱分析设定	6	柱箱温度不正确,扣2分; 汽化室温度不正确,扣2分; 检测器温度不正确,扣2分		
3	进样操作	12	微量注射器未用溶剂清洗,扣3分; 微量注射器未用待测溶液润洗,扣3分; 进样前,注射器内的气泡未排除,扣3分; 进样不规范,扣3分		
4	测定后的处理	4	测定完毕后关机的顺序不正确,扣2分; 未关闭仪器电源,扣2分		
(五)	数据记录和结果计算	14			
1	原始记录	8	数据未直接填在报告单上、数据不全、有空项,每项扣1分,可累计扣分; 分析人、记录人、校核人每缺少一项扣2分		
2	测定结果	6	有效数字不正确,扣1分; 结果计算错误,扣5分		
(六)	文明操作	8			
1	实训过程中的台面	2	实训过程中台面、地面脏乱,一次性扣2分		
2	实训后台面	2	实训后台面未清理,扣2分		
3	实训结束清洗仪器、试剂物品归位	2	实训结束未清洗仪器或试剂物品未归位,扣2分		
4	仪器损坏	2	仪器损坏,一次性扣2分		

任务四　工业铬渣中六价铬的测定

铬渣是指化工行业在生产金属铬、铬盐等的过程中排出的固体废弃物，铬渣中因含有大量的钙镁化合物而呈碱性，其组成随原料产地和生产配方的不同而有所改变。我国铬盐生产产生的铬渣中总铬含量为 1.72%～6.69%，六价铬含量为 3.15%～5.66%（均以 Cr_2O_3 计）。六价铬以阴离子形态存在于铬渣中，易溶于水，具有强氧化性，易被人体吸收，对人体的消化道、呼吸道、皮肤和鼻黏膜都有危害，甚至可以引发皮肤癌、咽喉癌、肺癌等疾病。因此，铬渣是公认的危险固体废物之一，铬渣污染场地对人类健康及环境安全构成了严重威胁。

工业铬渣样品前处理方法参照《危险废物鉴别标准 浸出毒性鉴别》（GB 5085.3—2007）中“附录 T 固体废物 六价铬分析的样品前处理 碱消解法”。

工业铬渣中六价铬测定的标准分析方法参照《固体废物 六价铬的测定 二苯碳酰二肼分光光度法》（GB/T 15555.4—1995）。

一、预习思考

（1）为何采用碱熔融法制备六价铬分析的样品溶液？

（2）使用二苯碳酰二肼显色剂时，应注意哪些问题？

（3）如何根据工业铬渣中六价铬的含量高低调整测定方法？

二、实训目的

（1）掌握碱熔融法制备样品溶液的操作技术。

（2）熟悉用二苯碳酰二肼分光光度法测定铬渣中六价铬含量的原理和测定过程。

三、原理

在酸性溶液中，六价铬与二苯碳酰二肼反应生成紫红色络合物，于最大吸收波长 540 nm 进行分光光度法测定。

四、实训准备

（一）实训仪器

（1）消解容器，250 mL，硅酸盐玻璃或石英材质。

（2）真空过滤器。

（3）滤膜（0.45 μm），纤维质或聚碳酸酯滤膜。

（4）加热装置，可以将消解液保持在 90～95 ℃，并可持续自动搅拌。

（5）pH 计，已校准。

（6）天平，已校准。

（7）分光光度计。

（8）一般实训用玻璃仪器。

（二）实训试剂

（1）消解溶液，将(20.0±0.05)g NaOH 与(30.0±0.05)g $NaCO_3$，溶于水中，并定容于1 L的容量瓶中。于20~25 ℃储存在密封聚乙烯瓶中，并保持每月新制。使用前必须测量其pH，若小于11.5须重新配制。

（2）无水氯化镁($MgCl_2$)，分析纯。400 mg $MgCl_2$ 约含100 mg 镁元素。储存在20~25 ℃的密封容器中。

（3）磷酸盐缓冲溶液(0.5 moL/L K_2HPO_4 和 0.5 mol/L KH_2PO_4，pH=7)：将87.09 g K_2HPO_4，和68.04 g KH_2PO_4 溶于700 mL水中，转移至1 L的容量瓶中定容。

（4）5.0 mol/L 硝酸：于20~25 ℃暗处存放。不能用带有淡黄色的浓硝酸来稀释，因为其中有由 NO_3^-；通过光致还原形成的 NO_2，对Cr(六价)具有还原性。

（5）丙酮。

（6）硫酸，ρ=1.84 g/mL。

（7）磷酸，ρ=1.69 g/mL。

（8）重铬酸钾，优级纯。

（9）二苯碳酰二肼。

（10）(1:1)硫酸溶液：将硫酸缓慢加到同体积的水中，边加边搅，待冷却后使用。

（11）(1:1)磷酸溶液：将磷酸与等体积水混匀。

（12）4%高锰酸钾溶液。

（13）20%尿素溶液：将尿素20 g溶于水中，并稀释至100 mL。

（14）2%亚硝酸钠：将亚硝酸钠溶于水中，并稀释至100 mL。

（15）0.100 0 mg/mL 铬标准储备液：称取于120 ℃烘2 h的重铬酸钾0.282 9 g，用少量水溶解后，移入1 000 mL容量瓶中，用水稀释至标线，摇匀。

（16）1.00 μg/mL 铬标准溶液：吸取5.0 mL铬标准储备溶液于500 mL容量瓶中，用水稀释至标线，摇匀。临用现配。

（17）显色剂Ⅰ：称取二苯碳酰肼，0.2 g，溶于50 mL丙酮中，加水稀释至100 mL，摇匀，于棕色瓶中低温保存。

（18）显色剂Ⅱ：称取二苯碳酰二肼2.0 g，溶于50 mL丙酮中，加水稀释至100 mL，摇匀，于棕色瓶中低温下保存。若显色剂颜色变深，则不能使用。

五、实训操作

实验　工业铬渣中六价铬的测定

（一）操作步骤

1. 样品的前处理

将2.5 g混合均匀的铬渣样品加入250 mL消解容器中，用量筒加入50 mL消解液，然后加入大约400 mg $MgCl_2$ 和0.5 mL 1.0 mol/L 磷酸缓冲溶液，并用表面皿盖上。用搅拌装置将样品持续搅拌至少5 min(不加热)。将样品加热至90~95℃，然后在持续搅拌下保持至少60 min。在持续搅拌下将样品逐渐冷却至室温。将反应物全部转移至过滤装置，将消解容器冲洗3次，洗涤液也转移至过滤装置，用0.45 μm的滤膜过滤。将滤液和洗涤液转移至250 mL的烧杯中。

在搅拌器的搅拌下，向装有消解液的烧杯中逐滴缓慢加入 5.0 mol/L 的硝酸，调节溶液的 pH 至 7.5±0.5。如果消解液的 pH 超出了需要的范围，必须将其弃去并重新消解。如果有絮状沉淀产生，样品要用 0.45 μm 滤膜过滤。

注意：CO_2 会干扰此过程，此操作应在通风橱内完成。

取出搅拌器并清洗，洗涤液收入烧杯中。将消解液完全转入 100 mL 容量瓶中，定容。将样品溶液混合均匀，需在 24 h 内测定。

2. 干扰物质的消除

（1）无还原性物质、有机物、色度等干扰时，可直接取样品溶液测定。

（2）有干扰物质存在时，可按下列步骤处理后再测定。

①样品溶液色度影响测定时。

另取一份样品溶液，取 2.0 mL 丙酮代替显色剂，以水作参比测定样品溶液的吸光度。扣除此色度，校正吸光度值。

②还原性物质的消除。

取适量样品溶液于 50 mL 的比色管中，中和后用水稀释至标线，加显色剂Ⅱ4.0 mL，摇匀，放置 5 min 后，加（1∶1）硫酸 1.0 mL，摇匀，放置 10 min 后，按步骤 3 测定，可消除 Fe^{2+}、SO_3^{2-}、$S_2O_3^{2-}$ 等还原性物质的干扰。也可分离三价铬后，用过硫酸铵将还原性物质氧化后再测定。

③有机物的消除。

先用氢氧化锌沉淀分离三价铬，再用酸性高锰酸钾氧化分解有机物。取 50.0 mL 样品溶液（六价铬不超过 10 μg）于 150 mL 锥形瓶中，中和后，放几粒玻璃珠，加入（1∶1）硫酸 0.5 mL、（1∶1）磷酸 0.5 mL，摇匀，加 4%高锰酸钾溶液 2 滴。如紫红色消退，再加高锰钾溶液保持红色不退，加热煮沸到溶液剩 20 mL 左右，冷却后用中速定量滤纸过滤，于 50 mL 比色管中，用水洗数次，洗液与滤液合并，向比色管中加 20%尿素溶液 1.0 mL，摇匀，滴加 2%亚硝酸钠溶液 1 滴，摇匀，至溶液红色刚退，稍停片刻，待溶液中气泡全排后，移至 50 mL 的比色管中，用水稀释至标线，加显色剂Ⅰ 2.0 mL，摇匀，放置 10 min 后按步骤 3 测定。

④次氯酸盐氧化性物质的消除。

取适量样品溶液于 50 mL 的比色管中，用水稀释至标线，加（1∶1）硫酸 0.5 mL、（1∶1）磷酸 0.5 mL、20%尿素溶液 1.0 mL，摇匀，逐滴加入 2%亚硝酸钠溶液，边加边摇，使溶液中气体完全排除后加显色剂Ⅰ2.0 mL，以后按步骤 3 测定。

3. 样品测定

吸取适量上述消除干扰物质后的样品溶液于 50 mL 比色管中（六价铬不超过 10 μg），中和后用水稀释至标线。加入（1∶1）硫酸 0.5 mL，（1∶1）磷酸 0.5 mL，摇匀，加显色剂Ⅰ 2.0 mL，摇匀，放置 10 min。用 10 mm 或 30 mm 光程比色皿，于 540 nm 处，以水作参比，测定吸光度，减去空白试验的吸光度，从标准曲线上查得六价铬的量。

4. 空白试验

以 50 mL 水代替样品溶液，按照测定步骤 3 做空白试验。

5. 标准曲线的绘制

向 9 支 50 mL 具塞比色管中，分别加入 1.00 μg/mL 铬标准溶液 0.00 mL、0.20 mL、0.50 mL、1.00 mL、2.00 mL、4.00 mL、6.00 mL、8.00 mL、10.00 mL，加水至标线。进行显色

和吸光度测定,以减去空白的吸光度为纵坐标,六价铬的质量(μg)为横坐标,绘制标准曲线。

(二)原始数据记录(表 8-9)

(1)将分光光度计的拉杆推至非测量挡,合上样品室盖。

(2)将仪器回零,关闭仪器电源开关,拔掉电源插头。

(3)将比色皿、比色管等器皿清洗干净,物归原处。

(4)清理实训台面和地面,保持实训室干净整洁。

(5)检查实训室用水、用电是否处于安全状态。

六、数据处理

铬渣中六价铬的含量ρ(mg/kg)按下式计算:

$$\rho=\frac{m\times V_0}{M\times W_{\mathrm{dm}}\times V}$$

式中 ρ——铬渣中六价铬的含量,mg/kg;

m——从标准曲线上查得的六价铬的量,μg;

V——测定时所取的样品溶液的体积,mL;

V_0——样品溶液的总体积,mL;

M——铬渣的质量,g;

W_{dm}——铬渣中的干物质含量,%。

七、实训报告

按照实训报告的格式要求认真填写。

八、实训总结

(1)方法的适用范围:测定溶液为 50 mL,使用 30 mm 光程比色皿,方法的检出限为 0.004 mg/L。使用 10 mm 光程比色皿,测定上限为 1.0 mg/L。

(2)样品溶液中铁含量大于 1.0 mg/L 的干扰测定。钼、汞与显色剂生成络合物有干扰,但是在方法的显色酸度下,反应不灵敏。钒浓度大于 4.0 mg/L 的干扰测定,但在显色 10 min 后,可自行褪色。

(3)试样中六价铬的浓度高时,可用 5.00 μg/mL 铬标准溶液、10 mm 的光程比色皿测定。

(4)显色酸度在 0.05~0.3 mol/L($1/2H_2SO_4$)为宜,以 0.2 mol/L 最好。

(5)所用玻璃仪器均不可用重铬酸钾洗液洗涤。

(6)显色剂的用量一般控制为 1 mol 的六价铬,加入 1.5~2.0 mol 的显色剂。

(7)配制显色剂时若加苯二甲酸酐,在暗处可保存 30~40 d。

(8)显色剂变为橙色,不可使用。

九、实训考核

实训考核评分标准详见工业铬渣中六价铬测定评分表(表 8-10)。

表 8-9　工业铬渣中六价铬测定原始数据记录表

样品种类________　　分析项目________　　分析方法________　　分析日期____年____月____日

	标准管号	0	1	2	3	4	5	6	7	8	
铬标准曲线	取标液体积/mL										标准溶液名称及浓度:________________
	Cr^{6+}的质量/μg										铬标准曲线方程及相关数据:________
	A										r=________
	$A-A_0$										

	样品编号	铬渣的质量/g	铬渣干物质含量/%	样品溶液总体积/mL	测定取样量/mL	空白吸光度	样品吸光度	校正吸光度	方程计算浓度/(μg·mL^{-1})	Cr^{6+}含量/(mg·kg^{-1})	计算公式:________ 相对标准偏差/%:________
样品测定	1										
	2										
	3										

	仪器名称	仪器编号	显色湿度	显色时间	参比溶液	波长	比色皿	室温	湿度
标准化记录									

分析人________　　记录人________　　校核人________

表 8-10　工业铬渣中六价铬测定的操作评分表

班级________　　学号________　　姓名________　　成绩________

考核日期________　　开始时间________　　结束时间________　　考评员________

序号	考核要点	分值	评分标准	扣分	得分
(一)	仪器准备	4			
1	玻璃仪器洗涤	2	玻璃仪器洗涤干净后内壁应不挂水珠,否则一次性扣2分		
2	分光光度计预热 20 min	2	仪器未进行预热或预热时间不够,扣 1 分; 预热方法不正确,扣 1 分		

表 8-10(续 1)

序号	考核要点	分值	评分标准	扣分	得分
(二)	分光光度计的使用	18			
1	测定前的准备	3	波长选择不正确,扣 1 分; 不能正确在 T 挡调“0”和“100%”,扣 2 分		
2	测定操作	10	未进行比色皿配套性选择或选择不当,扣 1 分; 比色皿润洗方法不正确(需含蒸馏水洗涤,待装液润洗),扣 1 分; 手触及比色皿透光面,扣 1 分; 加入溶液高度不正确,扣 1 分; 比色皿外壁溶液处理不正确,扣 1 分; 未正确选用参比溶液,扣 2 分; 比色皿盒拉杆操作不当,扣 1 分; 开关比色皿暗箱盖不当,扣 1 分; 读数不准确或重新取液测定,扣 1 分		
3	测定过程中仪器被溶液污染	2	比色皿放在分光光度计仪器表面,扣 1 分; 样品室洒落溶液未及时清理干净,扣 1 分		
4	测定后的处理	3	未取出比色皿,扣 1 分; 未进行比色皿洗涤,扣 0.5 分; 没有倒尽控干比色皿,扣 0.5 分; 未关闭仪器电源,扣 1 分		
(三)	水样的测定	11			
1	样品的消解	2	消解容器选取不当,扣 1 分; 消解温度控制不当,扣 1 分		
2	过滤操作	2	消解液未全部转移至过滤装置,扣 1 分; 滤膜取用安装时有沾污,扣 1 分		
3	pH 调整	2	未调节 pH,扣 1 分; pH 超出了 7.5 ± 0.5 的范围,扣 1 分		
4	水样的测定	5	稀释倍数不正确,致使吸光度超出要求范围或在第一、第二点范围内,扣 2 分; 水样要平行测定 3 次,少 1 次扣 1 分; 空白试验未做或做错,扣 2 分		
(四)	标准溶液的配制	15			
1	标准系列的配制	5	每个点取液应从零分度开始,出现不正确项 1 次扣 0.5 分,但不超过该项总分 4 分(工作液可放回剩余溶液中再取液;辅助试剂可在移液管吸干后从原试剂中取液); 只选用一支吸量管移取标液,不符合扣 1 分		

表 8-10(续 2)

序号	考核要点	分值	评分标准	扣分	得分
2	溶液配制过程中的有关操作	10	标准液或其他溶液使用前未摇匀,扣 1 分; 取完试剂后未及时盖上瓶盖,扣 0.5 分; 移液管未润洗或润洗方法不正确,扣 1 分; 移液管插入溶液前或调节液面前未处理管尖溶液,扣 1 分; 移液管管尖触底,扣 1 分; 移液出现吸空现象,扣 0.5 分; 洗瓶管尖接触容器,扣 1 分; 比色管加水至近标线未等待,扣 0.5 分; 比色管未充分混匀或中间未开塞,扣 1 分; 持瓶方式不正确,扣 1 分		
(五)	数据记录和结果计算	12			
1	标准曲线取点	1	取点不少于 9 个(含试剂空白),不符合扣 1 分		
2	标准曲线的绘制	4	绘制方法错误,扣 0.5 分; 坐标比例不当,扣 0.5 分; 坐标有效数字不对,扣 0.5 分; 缺少曲线名称、坐标、单位、回归方程、相关系数,每一项扣 0.5 分(请在扣分项上打√)		
3	原始记录	4	数据未直接填在报告单上、数据不全、有空项,每项扣 0.5 分,可累计扣分; 原始记录中缺少计量单位,每出现一次扣 0.5 分; 没有进行仪器使用登记,扣 1 分		
4	有效数字运算	3	相关系数的有效数字不规范,扣 1 分; 回归方程式的斜率和截距未保留 3 位有效数字,扣 1 分; 测量结果未保留到小数点后两位,扣 1 分		
(六)	测定结果	34			
1	标准曲线线性	10	$r \geq 0.9999$,不扣分; $r = 0.9991 \sim 0.9998$,扣 1~8 分; $r < 0.9990$,不得分		
2	测定结果精密度	10	$\|R_d\| \leq 0.5\%$,不扣分; $0.5\% < \|R_d\| \leq 0.6\%$,扣 1 分; $0.6\% < \|R_d\| \leq 0.7\%$,扣 2 分; $0.7\% < \|R_d\| \leq 0.8\%$,扣 3 分,依此类推; $1.3\% < \|R_d\| \leq 1.4\%$,扣 9 分; $\|R_d\| \geq 1.4\%$,扣 10 分		

表 8-10(续 3)

序号	考核要点	分值	评分标准	扣分	得分
3	回归方程式的计算	4	没有算出回归方程式的,扣 4 分		
4	测定结果准确度	10	测定结果:测定值在 保证值±0.5%内,不扣分; 保证值±0.6%内,扣 1 分; 保证值±0.7%内,扣 2 分,依此类推; 保证值±1.4%内,扣 9 分; 保证值±1.4%外,扣 10 分		
(七)	文明操作	6			
1	实训台面	2	实训过程中台面、地面脏乱,一次性扣 2 分		
2	实训结束清洗仪器、试剂物品归位	2	实训结束未清洗仪器或试剂物品未归位,扣 2 分		
3	仪器损坏	2	仪器损坏,一次性扣 2 分		
合计					